父母要懂儿童心理学

文远◎著

中国商业出版社

图书在版编目（CIP）数据

父母要懂儿童心理学 / 文远著 . -- 北京 : 中国商业出版社, 2018.12

ISBN 978-7-5208-0212-3

Ⅰ . ①父… Ⅱ . ①文… Ⅲ . ①儿童心理学 Ⅳ . ①B844.1

中国版本图书馆 CIP 数据核字 (2018) 第 019623 号

责任编辑：姜丽君

中国商业出版社出版发行

（100053 北京广安门内报国寺1 号）

010-63180647 www.c-cbook.com

新华书店经销

三河市三佳印刷装订有限公司印刷

*

710 × 1000毫米　1/16开　16印张　250 千字

2019年4月第1版　2019年4月第1次印刷

定价：39.80元

* * * *

（如有印装质量问题可更换）

序言

家庭教育、学校教育、社会教育是“教育”的三大支柱。在个人成长和发展的过程中，家庭教育扮演了启蒙的角色，对孩子良好习惯、道德、品格的培养，对孩子智力、潜能的开发，发挥着不可替代的作用。

父母作为孩子的第一任老师，不仅要用心抚养子女，还要主动承担起家庭教育的责任，高度重视孩子早期的培养和开发。

今天，我国社会正经历着一场深远的变革，家庭结构也进行着巨大的转型，这为家庭教育提出了新的挑战。在这一背景下，家庭教育的作用不是降低了，而是增强了。因为，孩子为了适应未来激烈的竞争和挑战，更需要从小进行潜能开发，更需要高质量的家庭教育。

毫无疑问，父母在孩子成长过程中扮演着重要角色。父母对子女的了解与关爱，子女对父母的信任与依赖，形成一种特殊的联系，最有利于孩子早期教育的开展。显然，称职的父母都谙熟儿童心理学，懂得如何与孩子有效沟通，从而纠正孩子的言行，培养出内心强大的孩子。

一位美国教育家指出：“父母在教育中所扮演的角色与使命成功与否，对孩子未来的发展有决定性的影响。”显然，爸爸和妈妈能否在孩子成长中的关键时刻扮演好自己的角色，将决定孩子能否培养良好的习惯、品格，能否在学习、社交、理财等方面打下良好的基础。

本书通过分析不同年龄阶段儿童的心理特点，结合生动而真实的案例，全面总结了父母不吼不叫教育孩子的完美攻略。书中的家庭教育理念和方法具有可操作性，并且行之有效，是年轻的父母朋友们培养优秀孩子的实战宝典。

童年是孩子一生中最珍贵的时光，也是他们奠定未来发展基础的关键时刻，而父母在其中扮演着关键作用。掌握儿童心理特点与情绪变化规律，才能在亲子沟通中帮助孩子迈出成长的第一步、摆脱成长的烦恼、收获成长的喜悦。这样一来，孩子才能少一些遗憾、多一些快乐。

孩子成长的每个关键时刻，都需要爸爸妈妈在场。本书不仅能帮助父母掌握必要的家教理念，帮助孩子获得健康成长的快乐，还能在亲子之间形成一种互动———让父母了解孩子、让孩子关爱父母，实现和谐的家庭氛围。

| 目录 |

第01章　儿童认知心理学 | 帮助孩子培养内在感知力/ 001

自我认知是儿童心理学研究的重要组成部分，一旦孩子对自己和外界的认知产生巨大偏差，那么其行为就会失当。帮助孩子培养内在感知力，他们才能正确认识自我、了解他人。

第02章　儿童情绪心理学 | 引导孩子摆脱负面情绪的干扰/ 015

引导孩子与情绪做朋友，是父母的重要职责。相信孩子处理情绪的能力，也是一种关爱。父母既要引导孩子学会掌控自我，也要给予他们足够的空间，学会与特定的情绪相处。

孩子反复扔东西、停不下来、黏着妈妈、抢别人东西……遇到这些问题，不要认为孩子行为古怪，也不要认为孩子“变坏了”。读懂孩子的行为模式，破解孩子的行为密码，就能理解并规范孩子的行为。

儿童生来具有各种本能和反射，能在环境中形成多种多样的习惯，从而影响未来的人生。孩子从小养成良好的习惯，才能正确做事，成为讲礼貌、守规矩、有时间观念的小楷模。

第05章 儿童性格心理学 I 正面管教的理念与方法/ 075

“每个瞬间，你看到孩子，也就看到了自己；你教育孩子，也在教育自己并检验自己的人格。”培养孩子独立、感恩、负责等优秀品格，是父母的重要职责，也是孩子必备的成功品质。

第06章 儿童自控心理学 I 孩子管好自己，父母更省心/ 095

心理学家弗洛伊德指出：“学会控制情感是作为文明人个性发育的水准点。”在家庭教育中，父母除了让孩子学会理性思维，还要引导他们控制情感，避免在悲观、惰性、自私等人性弱点中沉沦下去。

第07章　儿童沟通心理学 | 亲子沟通训练与实用技巧/ 115

学会与孩子对话，彼此成为无话不谈的朋友，才能真正走进孩子的内心世界，感受他们的喜怒哀乐。优秀的父母懂得选择恰当的沟通方式和问答技巧，跟孩子任何时候都有话聊。

第08章　儿童社交心理学 | 创造自由又有规矩的家庭风格/ 133

对孩子来说，他的舞台始终是社会，从父母、玩伴到同学，都是与人打交道的过程。显然，从小培养孩子与人相处和交往的能力，不仅有助于亲子沟通，也能提升孩子的社交商。

孩子长大的过程，不仅是身高的增加、知识的增长，更是心理成长的过程。陪孩子度过敏感期和叛逆期，帮助他们在心理上重新认识自己、改变自己，有助于跨越成长的烦恼。

引导孩子爱上“学习”，不但要让他们知道怎样读书、如何思考，更重要的是确立终身学习的理念、明白困顿时候学习的必要性、与实践结合学习的重要性。

第11章　儿童挫折心理学 | 如何培养内心强大的孩子/ 195

当孩子面对难题或遭遇失败时，父母大包大揽，容易让孩子形成心理上的依赖。孩子缺乏独立自主能力与心理承受能力，注定会成为温室中的花朵，无法面对生活中纷繁复杂的未知挑战。

第12章　儿童财商心理学 | 对金钱产生正确的心理认同/ 211

除了让孩子学习科学知识，还要训练他们理财的技能。这不仅是他们在这个世界上生存下去，而且是生活得更美好所必须具备的能力。培养孩子的理财能力，是奠定他们未来财务自由的重要基础。

第13章　儿童安全心理学丨学会保护自己才能快乐成长/ 229

经历过风雨，才能见彩虹。孩子的一生不仅伴随着欢笑，也有泪水；不仅有成长的快乐，也有成长的烦恼。面对无所不在的安全隐患，父母必须帮助孩子学会规避风险。

第01章
儿童认知心理学
帮助孩子培养内在感知力

自我认知是儿童心理学研究的重要组成部分，一旦孩子对自己和外界的认知产生巨大偏差，那么其行为就会失当。帮助孩子培养内在感知力，他们才能正确认识自我、了解他人。

1—2岁：透过面部表情判断婴儿的想法

心理知识

婴儿有两种最基本的情绪反应：当生理需要得到满足时出现的愉快情绪，一般表现为笑；当生理需要得不到满足时出现的不愉快情绪，一般表现为哭。婴儿的微笑意味着他的生理需求得到了很好的满足，而且周围的环境也是舒适的，他感受到了安全和温暖，这一切都让他觉得非常愉快。

众所周知，面部表情是人类内心想法的忠实呈现。它从人类本能出发，不受思想的控制，无法掩饰，也不能伪装。对父母来说，通过面部表情可以深入了解婴儿内心的真实想法。

心理故事

小娜已经 12 个月大了。有一天，妈妈发现她在做一件事情之前，总会盯着自己的表情，好像是在寻求指导。事实上，妈妈脸上鼓励的微笑或者是焦虑的皱眉，会给孩子提供不一样的信息。

通过一段时间的观察，妈妈发现了一件很有意思的事情。把一个新玩具放在小娜不远的地方，然后分别做出 3 个特定的面部表情：微笑，害怕，无所谓的态度。结果显示，孩子看到妈妈害怕的表情时，会爬着更快地奔向妈妈，并渴望得到更多身体上的接触；而当孩子看到妈妈其他两个表情，则没有激烈的情绪反应。

在这个观察中，妈妈发现小娜针对不同的面部表情作出了有选择性的、不同的反应。当妈妈做出正面的、鼓励性的表情时就会变得大胆；而做出害怕的表情时就会变得畏首畏尾。儿童的这种反应明显不是模仿父母，因为儿童也会根据父母的表情做出判断。

当孩子到 12 个月时，也会通过表情来表现自己的需求，比如宝宝瘪起小嘴，好像受了委屈似的，这很可能是要开哭的先兆，也是对成人有所要求的信号。这时，父母要细心观察，了解宝宝的要求，适时地去满足他们的需要，如喂奶、换尿布等。

心理指南

宝宝们虽然因为年龄的原因不会说话，但是他们还是可以通过面部表情来表达自己的感受，所以面部表情就是孩子和父母沟通的渠道。父母们一定要注意观察，那样才能更好地照料宝宝。

生活，很多宝宝会通过丰富的面部表情来向爸爸妈妈展示内心世界。虽然年龄小，但是宝宝的需求颇多。可是由于无法用言语表达，所以他们只能通过表情来表现。父母要在生活中仔细观察宝宝们这些微表情的含义，了解宝宝的需求，给予细心周到的呵护。当宝宝出现以下的表情时，父母就要注意了。

（1）喊叫——烦恼。

不到 1 岁大的宝宝，在嘈杂的环境中很容易受到干扰，但苦于口不能言，只好用大哭大闹来表达自己的烦恼。这时，父母可以带宝宝去安静的地方散步，或者给点好吃、好玩的东西让宝宝安静下来。

（2）皱眉头或大哭——不高兴。

如果宝宝皱着眉头或者大哭，还时不时地看看旁边发出声音的物体，说明他被噪音干扰了。这时，爸爸妈妈应该先降低噪音，然后再用缓慢、柔和的语调说话，从而让宝宝的情绪缓和下来。

（3）懒洋洋——吃饱了。

父母最怕宝宝饿着，但是喂食过量也并不是好事。那么，怎样判断宝宝是否已经吃饱了呢？其实很简单。当宝宝把奶头或奶瓶推开，将头转向一边，而且显出一副四肢松弛的懒洋洋模样，多数表明已经吃饱了。

3—4岁：培养孩子情感认知能力

心理知识

良好的情感和社交能力对儿童独处，以及与他人融洽相处具有重要作用。儿童具备察言观色能力，从自身情感出发，设身处地为他人着想，这是高情商的第一步。3 岁多的孩子开始学习辨认和推论别人的情绪，这是建立社会结构和自我肯定的关键一步。

心理故事

父母由于工作繁忙，把小凯送到了乡下，由姥姥抚养。家里只有一个孩子，加上老人对儿孙的溺爱，小凯养成了非常娇气的小脾气。生活中，他不懂得与伙伴分享玩具、零食，遇事不满意就大哭，直到遂了自己的心意。

后来，小凯被接到城里开始上早教班，结果那些不良习惯被放大，遭遇了各种矛盾。遇到自己喜欢的食物或者玩具，小凯不知道与别人分享，总是按照自己的方法待人接物，由此遭到小朋友排斥。

老师经常给小凯的父母打电话，讲述孩子在学校的糟糕表现。直到这时，父母才开始意识到儿子的教育方式出现了问题，但是由于一时抽不开身，乐乐仍然处于被放逐的状态。

一个星期天，家里来了朋友。朋友带着一个与小凯年龄相仿的孩子，父母难免将他与小凯做了一番比较，并真正意识到儿子的行为方式有多么糟糕。在短暂的相处中，小凯总是任性地独自玩耍，任何玩具都不分享给小伙伴。吃饭的时候，他要求妈妈将自己喜欢的菜品放到眼前，稍微不满意就大发脾气。

而朋友的孩子很懂事，总是尽量满足小凯的心愿，并且还时不时逗小凯玩。朋友的孩子乖巧懂事，善于体察人心，待人接物很有礼貌，这让小凯的父母陷入了长久的沉思。

心理指南

生活中,父母不仅要关注儿童的健康饮食,还要关注孩子的精神需求，培养和发展孩子的良好情感和情绪，促进身心共同成长。

有的父母不重视孩子的精神需求，没有培养孩子的情感能力，结果导致其个人主义倾向日益严重，待人接物缺乏应有的认知能力，显得比较自私。

那么，如何培养孩子良好的情感能力呢?

（1）为孩子营造独立空间。

任何人都需要独立成长的空间，对孩子来说更是如此。如果外界干预太多，反而不利于孩子独立思考、自主行动。独立空间不仅包括生活中的空间，还包括思想上的空间。简单来说，生活中空间就是给孩子独立活动的场所，让他们独自生活。思想空间主要是让孩子自己做决定，父母不要将自己的意愿强加给孩子。这样，孩子亲身经历的事情多了，就能具备自主决断的能力，从而独当一面。

（2）保证家庭内部和谐。

家庭是孩子的第一教育场所。良好的家庭关系，民主的生活氛围，孩子耳濡目染，无形中也会效仿这种氛围。父母为人正直、有责任感，有利于培养孩子纯良的品性。由于父母的榜样作用，孩子在为人处世中也会诚实善良。这样一来，孩子的情感能力自然而然也会得到正面提升。

（3）发挥教师的引导作用。

教师对孩子的影响很大，他们会通过各种教具来辅助教学。显然，教师注意营造分享、友爱、互帮互助的和谐氛围，有利于孩子健康成长。通过同龄人之间的带头作用，让儿童在教师的教导下分清是非，也能让他们在约束下自由成长。

5—6岁：识别、理解不同的情绪体验

心理知识

今天，每个人都想拥有高情商，但是这并非易事，而是一个日积月累的过程。为此，从孩子开始有了情绪体察时，父母就要引导他们认知情绪、辨别情绪，从而更好地掌控自己的情绪。

父母是孩子最好的老师，为此应该担当起孩子的情绪教练这一角色。通过实景教学，让孩子一步步学习各种情绪，为以后出色管理自身情绪打下基础。

心理故事

然然今年5岁了，为了让女儿更好地识别自己的情绪，妈妈专门报了一个幼儿兴趣班。她期望孩子能够对自己和他人做出识别，同时理解自己的不同情绪会给他人带来何种感受。当然，最重要的是期望女儿能够管理好自己的情绪，在情感方面成为一个有智慧的人。

不仅如此，父母在家里或者公共场所也经常结合实景来教然然一些情绪知识。有一天，一家人准备出去玩儿，但是爸爸临时有事，然然和妈妈只好等着爸爸办完事再出发。

妈妈看着女儿嘟着嘴，一脸哀伤的样子，于是灵机一动，问道：“然

然，你现在是什么感觉？”然然看了妈妈一眼，回答道：“我现在非常烦。”妈妈告诉然然：“你这是非常生气，因为爸爸要开会，不能及时带你玩儿，所以你特别生气。”

稍后，然然看到妈妈一直看着手表，灵机一动：“你是不是也非常着急，因为爸爸一直不出现。”妈妈非常惊讶，女儿竟然学习速度这么快，于是问道：“你从哪里看出来的？”“因为妈妈一直在看表，并且朝外面看。”

看到女儿领悟能力这么快，妈妈非常高兴。

心理指南

当儿童长到 4 ~ 5 岁的时候，他们通过自身感受和别人的表情，对情绪有了一定了解。同时，他们也体验了很多不同的情绪。从身心愉悦、激动不已到伤心绝望，几乎都经历过。生活中，他们会产生沮丧、愤怒、焦虑、羞愧、害怕等情绪变化，同时脸部表情也非常丰富——大哭、大笑、嘟嘴、抖腿等等。

虽然儿童有丰富的表情和情绪，但有的时候并不能准确地说出内心的感受，找不到合适的词汇表达出来。为此，儿童在成长过程中有一项重要的任务，就是学习情绪并且学会准确地表达出来。这种情绪包括怎样辨认情绪、理解情绪和控制自己的情绪。

（1）辨认情绪

具体来说，辨认情绪是儿童给特定情境下产生的各种情绪命名，或者描述这种特定情绪。例如，“当父母上班时，留你一个人在家，难道不感觉孤单吗”，“心爱的玩具丢了，你是不是感到非常难过”，“逛商场的时候，你与妈妈走散了，一个人是不是感到非常害怕和焦急”。这些情绪的分门别类，是儿童正确辨别情绪的第一步，也是非常重要的一步。

（2）理解情绪

理解情绪重在谈论当时的感受，这种感受会带来怎样的体验。这时候，父母需要做孩子情感的倾听者，信任孩子，并且鼓励他们说出自己当时的感受。父母的倾听会鼓励孩子勇于表达自己的感受，同时明白这会对他人产生怎样的影响。同时，父母也应该做补充，告诉他们这种情绪一般发生在什么情景之下，应该用什么情绪正确地表达出来，这种情绪是否合理，是否健康。

（3）控制情绪

这对很多成年人来说仍然是一件非常困难的事情，那么对儿童来说就更加难了。管理情绪是从小就引导孩子学习管理自己的情绪，慢慢地积累情绪掌控的经验。遇到问题时，父母要引导孩子有意识地克制自己的情绪。毕竟，这时候儿童对自我情绪的掌控还无法运用自如，往往产生较大的情绪波动。

7—8岁：学会辨别自我与他人情绪

心理知识

儿童学会辨别自我与他人情绪的有效方法，是与朋友玩耍，在群体中认识自己、理解他人。儿童结交朋友，不仅有助于认知层面和社交能力的增强，还有利于孩子身心健康的发展。

假期的时候，父母别让孩子陪同自己一味沉浸于大人的世界中，毕竟很多时候，儿童应该有自己的社交圈子，而父母参与其中不适合儿童的身心发展。为此，父母可以带孩子去少年宫，或其他儿童娱乐场所。在这些地方参观或游戏，孩子会不自觉地融入其中。

心理故事

欣欣和童童是一对双胞胎，两人外貌长得非常像，但是性格上却迥然不同。两个人上学之后，这种性格上的差异表现得更加明显了。

欣欣性格外向活泼，愿意和小朋友玩耍。小伙伴上课铅笔丢了，她会主动拿出自己的铅笔借给对方；下课的时候，她总是和小朋友玩游戏，大家都喜欢她参与进来；回到家中，欣欣总是围绕在父母身边，告诉他们今天哪个小朋友送给自己糖果，同时也告诉妈妈她帮助了谁。

相反，童童大不一样。她总是喜欢坐在教室里，独自一人画画、写字；下课后，童童一般也不会和小朋友玩，最多的时候就是站在远处观望大家玩耍；回到家中，童童一般不会提及小伙伴，只是告诉妈妈今天学了什么。渐渐地，童童更加内向了，如果没有人跟她说话，她就保持沉默。

妈妈看到童童这个样子，心里非常着急。虽然她也知道，每个人个性不一样，但是孩子不善于与人交往总是令人担忧。有时候，妈妈也会督促欣欣，让她带上童童玩耍，但是童童很难与小伙伴融为一体。

心理指南

米里亚姆·科恩在《我会有朋友吗》一书中写道："第一天去幼儿园的路途中，吉姆就问父亲：我是否会有朋友？"这个问题几乎出现在每一个将要入学的儿童脑海中，这个问题也显示了儿童社会性和情感发展的一个重要特征：建立和维持友谊。

有的儿童在社交中始终处于被动局面，不愿意参与到游戏中来。他们缺少朋友，很难从伙伴那里分享到快乐和有价值的信息。与人交往时，他们也缺乏对外合作能力，无法迅速适应新环境。

8 岁以后的儿童，倾向于亲近同龄人，并且将自己最喜欢的玩具分享给他人。他们在与伙伴交往中会开阔视野，并逐步掌握与人相处的技巧。

例如，客人来家做客，大家一起玩耍。在这些新的情境中，儿童开始有意识地处理新冲突，以此来巩固友谊。这些同龄人的交往，无形中提高了儿童的认知能力和社交水准。

那么，如何鼓励儿童参与到同龄人的交往中来，并准确理解自己与他人的情绪呢?

（1）给孩子讲述关于友谊的故事。

买一些图书，让孩子自己看，父母在旁边作为引导，告诉他们关于朋友的一些有趣的事情。父母也可以将自己与朋友间的有趣经历，讲给孩子听，鼓励他们也应该有属于自己的朋友。

（2）找机会在家中举办聚会。

孩子有了朋友之后，可以邀他们到家里做客。父母留给孩子一定空间，让孩子在交往中学会分享。当朋友到来的时候，提醒孩子将自己的玩具分享给朋友，并让他们一起玩耍，这时候大人最好不要参与其中。因为在这中间，他们会有自己的交往需求，以及处理问题的能力。

（3）将孩子送到幼儿园或儿童多的地方。

一些内向的儿童，可能一开始因为胆怯等具体原因不愿意到幼儿园或者娱乐场所。这时候，父母应该鼓励孩子和同龄人交流，并且向他们讲述自己的经历，以周边的朋友作为榜样。以此告诉孩子，每个人都应该有自己的朋友。

9—12岁：“长大成人”的意识觉醒

心理知识

青春期是孩子长大成人过程中非常重要的阶段，它来无影去无踪，但深刻影响着孩子的身心。除了在生理上出现变化，孩子在心理上也会产生明显的改变，并在情感、心智上奠定未来发展的基础。为此，父母应该多理解孩子，给予他们更多的关爱，及时改变自己的教育方式，减少对孩子情感、心理带来巨大压力。

心理故事

倩倩今年 12 岁了，比妹妹菲菲大 3 岁。两个小姐妹相处地非常好，不过最近一段时间，倩倩变得有主见了，做事喜欢约束妹妹，似乎成了一个大人。

一天，爸爸妈妈出门了。为了让小姐妹有事做，妈妈告诉她们怎样叠衣服，并且拿出打散的衣服，要求叠起来放在衣柜中。两个小姐妹非常高兴，感觉自己长大了，应该独立做事了。

起初，两人叠衣服非常认真，倩倩耐心地教妹妹如何操作。但是，妹妹仅仅叠了一件，就被旁边的玩具吸引，直接把衣服放在一边，只顾玩耍了。倩倩看到这一幕，赶紧走上前制止，说道："妈妈让咱们把衣服叠起来，不准贪玩。"

随后，妹妹听从倩倩的话，再次叠起衣服来。但是还没有一分钟，她又放下手中的衣服，再次眼巴巴地望着玩具发呆。倩倩再次警告，不可以贪玩，但是妹妹还是忍不住，又去拿玩具了。

一来二去，倩倩非常生气。她威胁妹妹，如果再拿玩具，就会把妹妹锁在房间。妹妹虽然短时间表示同意，但是仍然管不住自己。倩倩表示很无奈，一边监督妹妹，一边叠衣服。最后，她总算把衣服叠完了，按照妈妈的要求放在衣柜里。

心理指南

孩子年龄小的时候，完全没有任务意识，不会控制自己的行为。而年纪大一些的孩子意识到任务在身，因此给自己的定位就是按时完成既定的任务。在做事的过程中，后者会有意识地约束自己的行为，显示了较好的自我控制力。

孩子到了 12 岁左右，开始反省自己，为自己设定更高的标准，“我要完成任务”代替了“妈妈让我完成任务”。他们会按照内在标准调整自己的行为，而不仅仅是把各种反应串联在一起，以此适应环境。

这时候，父母应该怎样对待这些自认为“长大成人”的孩子呢?

（1）放下架子，与孩子进行心灵沟通。

有的父母虽然知道应该给青春期的孩子更多关怀，但是没有任何心理准备，或者不知道如何面对孩子的青春期。为此，他们面对孩子的焦躁不安，表现出来的仅仅是“孩子比以前不乖了”、“孩子太叛逆了”这些想法，却不能为孩子排忧解难。

为此，父母在孩子进入青春期之前就应该做好干预理念和改变教育方式的思想。看到孩子叛逆的地方，应该指出来。给予孩子更多的关怀，而这种关怀不仅仅表现在一如以往地付出，而是有选择地关心，用一种恰当的方式表达自己对孩子的爱。

（2）为孩子独立成长的空间，释放个人潜能。

任何人都需要独立的空间，尤其是对有了小秘密的青春期孩子。对一些无伤大雅的事情，父母要尽量放手，让孩子独立去做，不要横加干涉。比如，不要偷看孩子的日记、信件，这些私密的东西永远不要动。此外，父母也不要与他人家的孩子进行比较，这会让他们产生厌烦心理。

（3）采用全新的交流方式，赢得孩子认可。

对孩子来说，青春期应该是非常美妙和璀璨的年华。这时候，孩子可以欣喜地体验到自我意识、性意识的觉醒。他们一方面非常惊喜，另一方面则有些恐惧。为此，父母应该改变之前的教育方式，将他们当作成人对待。对孩子的任何过错，不应该总是以居高临下的姿态指责，而应该平等、民主地和孩子商量，尊重他们的意愿和感受，赢得他们的信任。

第02章
儿童情绪心理学
引导孩子摆脱负面情绪的干扰

引导孩子与情绪做朋友，是父母的重要职责。相信孩子处理情绪的能力，也是一种关爱。父母既要引导孩子学会掌控自我，也要给予他们足够的空间，学会与特定的情绪相处。

情绪是孩子内心的朋友

心理知识

对孩子来说，情绪是一个陌生而又深奥的东西，但在日常生活中又常伴左右。那些不良情绪就如同小树上应该被修剪的枝杈，拥有积极、健康的情绪才有利于成长。

家长作为心智成熟的人，要及时发现和纠正孩子的不良情绪。不过，他们常常忽略一个问题：情绪其实是孩子内心的朋友。如果没有充分理解孩子的情绪，或者孩子没有准确意识到自己的情绪，家长就贸然采取行动，往往会适得其反。

心理故事

有一家儿童早期教育机构，致力于引导孩子准确表达自己的情绪，完善他们的心智及情商。在这里，每个孩子都能得到尊重，哪怕他们无端发脾气，而老师是孩子们永远值得信赖的伙伴。

艾米是这所学校的一个学生，喜欢哭闹。这一天，她又在大厅里哇哇喊叫，老师立刻赶过来，问道："亲爱的，发生了什么事？"

艾米一边哭一边说："我碰了一下露西。虽然给她道歉了，可是她不肯原谅我。我很难受，让我哭一会儿吧！"

老师试着安慰艾米："这的确是一件令人难过的事。不过没关系，她可能太生气了，等一会儿她就会原谅你。"

但是，老师的安慰丝毫不奏效，艾米仍旧流着眼泪。"好吧，让老师陪你待一会儿吧！"老师的请求又被艾米拒绝了，而这个可怜的孩子仍旧哭泣不止。

过了一会，艾米的哭声停止了。老师走过去，发现她早已把刚才的不愉快忘了，正在和其他小伙伴一起玩耍，看上去心情非常不错。

哭是一种表达情绪的方式，艾米非常难过，所以让她哭一会就能解决问题。孩子伤心的时候，可能并不需要任何人的陪伴，让他们单独体验一下情绪，过后就会恢复如常。

心理指南

让孩子做情绪的主人，学会和自己的内心相处，家长不可乱帮忙。显然，帮助孩子学会照顾自己的情绪，比出手干预更有效。

当孩子生气、悲伤的时候，许多家长会极力否定这种情绪，妄想立刻把孩子从不良情绪中拉到现实世界。但是，这是不可能实现的。这时候，你只需告诉孩子说出内心的感受，并提醒他们下次遇到这种情形应该怎么办，就足够了。

情绪是孩子内心的朋友，放手让孩子学会与喜怒哀乐相处，对提升他们的心理承受力很有必要。对家长来说，让哭泣的孩子体验伤心，让高兴的孩子更高兴，才是做好孩子情绪管理的重要内容。也就是说，让孩子学会接受痛苦和快乐这两种情绪，而非不知所措。

在孩子的世界里，“情绪”这个抽象的概念不存在，他们只能从喜怒哀乐中感受心情的变化，并寻找发泄不良情绪的通道。

引导孩子与情绪做好朋友，是家长的重要职责。相信孩子处理情绪的能力，也是一种关爱。一方面，要引导孩子学会控制自己的情绪，另一方面要给予孩子足够的空间，不去干预他们的任何情绪，学会与特定的情绪相处。

做好孩子的情绪教练，家长要善于引导，更要学会放手。教会孩子如何与情绪相处比安慰更重要，因此聪明的家长不会阻碍孩子对情绪的认知与处理。

多动症缘于情绪固化或混乱

心理知识

容易发怒、性格孤僻、无法静心……这些都是多动症的表现，孩子出现这种状况往往暴露出了潜在的情绪问题。如果不能提早发现这种症状，并引导孩子控制情绪，会影响他们日后的身心健康。

“多动症”的专业名称是“注意缺陷障碍”，特发于儿童学前时期，活动量多是最基本的症状。患有多动症的孩子注意力不集中，参与事件的能力差，与特定的外部环境有密切关系，尤其是家庭环境。

比如，家庭经济困难、内部成员不和睦、教养方式不当等，都会对孩子的心理健康产生不良影响，造成情绪的固化或者混乱，使孩子丧失与生俱来的情绪自我调节能力。

心理故事

苏珊是一家公司的普通职员，家庭生活还不错，有一个 5 岁的儿子杰克。不过，最近一段时间，她变得焦虑起来，因为杰克患有轻微的多动症。

原来，苏珊管教孩子的方式简单粗暴，因为一件小事就大声斥责，结果杰克遇到困难或委屈时不敢表达出来，总是把真实的想法隐藏在内心深处。

其实，杰克是一个心思细腻的孩子，对任何事情都有较高的期待；然而，苏珊个性耿直，不拘小节。每次给儿子讲睡前故事的时候，苏珊总是不自觉地跳过某一段文字，结果被杰克觉察到了，并要求重读。这时候，苏珊就会很生气，甚至叫喊起来。

看过心理医生后，苏珊才知道自己的教育方式存在问题，导致杰克的情绪一片混乱。由于各种不良情绪得不到排解，杰克长期被反复叠加的复杂情绪困扰，结果丧失了自我调节情绪的能力，发展为多动症。

医生建议苏珊，教育孩子时首先要调整好自己的情绪，并且多一些耐心和关爱。经过一段调整和努力，杰克的病情有所减轻，慢慢恢复了活泼的性格，而且母子关系越来越融洽，家庭氛围也越来越和谐。

心理指南

根据多动症的成因来看，家长要结合自身和周边环境帮助孩子调节情绪，减少他们内心情绪固化或者混乱的现象。

儿童心理研究者认为，孩子更需要被倾听。对家长来说，站在孩子的角度倾听他们的烦恼，想象和感知他们的心情，是亲子沟通的关键。为此，家长应该引导孩子平静地说出内心的真实想法，这样有助于帮助其梳理个人情绪。

在孩子准确表达情绪的基础上，家长要明白他们的需求，并据此采用合理的方式帮助孩子调节情绪，引导他们成为乐观、积极的人。

孩子有自己的情绪世界，家长不应该用好恶影响孩子，遇到问题时多思考自己的教育方式是否妥当，而不是一味地责怪孩子。懂得尊重孩子、理解孩子的父母，更容易赢得信任，而不是让人畏惧。

多动症不是可怕的疾病，家长要认清导致这种情况的缘由是什么，并加以调整。少一些责怪，多一些引导；少一些训斥，多一些耐心，才能成为孩子的知心朋友。

请保护好孩子的自尊心

心理知识

英国作家毛姆说过："自尊心是一种美德，是一个人不断向上发展的一种原动力。"科学研究表明，有高度自尊心的儿童性格活泼，智力发展状况也更好。他们善于表达自己的思想，讨论问题时能主动发言，对周围的事物感兴趣，拥有更强的创造力。

"你真笨，长大了能做点什么""躲开，别烦我，一边玩去""别废话了，赶紧写作业""什么都做不好，你看看人家"……父母朋友们说这些话的时候，是否考虑过孩子的自尊心？如果你对孩子缺乏应有的尊重，请立即停止这种无心的伤害，好好保护孩子的自尊心！

心理故事

赵亮非常贪玩，写作业不认真，经常出错。爸爸是一个非常严肃的人，看着儿子错误连篇的作业，经常愤怒地责骂："你这个笨蛋，写作业出这么多错儿，真没出息。"久而久之，赵亮害怕写作业了，因为爸爸的指责让他很痛苦。

在爸爸的辱骂之下，赵亮的自尊心受到了很大伤害。为了防止出错，他在一次考试中竟然一题未答。老师觉得很奇怪，仔细询问之后找到了根源。老师将赵亮的爸爸叫到学校，介绍了赵亮的现状之后，指出了这位父亲的不当行为，并要求他向孩子道歉。

在老师的教导下，赵亮的爸爸认识到了自己的错误，主动向孩子道歉。接着，老师做了一件令所有人吃惊的事情——老师对赵亮说："我知道你是最棒的，这些题目你都会做，现在你能重新做一遍吗？"在老师期待的目光下，赵亮终于拿起笔，认真地答卷。

赵亮做完之后，交给了老师。老师认真地阅读之后，将试卷递给了赵亮。赵亮惊讶地发现，每道题的后面都打着对勾，卷子上清清楚楚地写着 100 分。

就这样，赵亮当着爸爸和老师的面重新补考了一次。这次补考对他而言，不仅仅是成绩的重新考核，更是自尊心的重新建立。看着试卷上醒目的 100 分，赵亮欢快地蹦了起来，脸上重新洋溢出孩子该有的灿烂和自信。

心理指南

自尊是健康人格发展的必备要素之一，它对人的认知、动机、情感及社会行为均有重要影响。缺乏自尊心的儿童，多半情绪低沉，害怕参加集体活动，也不愿意表达自己的思想。

许多父母教育孩子的时候缺乏耐心，随意给他们贴上“笨”“没出息”等标签，这种不当行为会深深地伤害孩子的自尊心。从儿童情绪心理学的角度分析，父母朋友们要经常从正面表扬、鼓励孩子，给予他们应有的尊重，努力帮助他们消除自卑、叛逆等心理障碍。

孩子做一件事是否成功，不仅受到自身因素的影响，同时还受到周边环境和他人的影响，尤其是父母。作为孩子的直接监护人，父母应该怎样保护孩子的自尊心呢？

（1）不要让消极暗示侵犯孩子的自尊心。

在日常生活中，类似“你真笨”“做什么错什么”“我怎么生了你呀”这类话，不要对孩子讲，否则会深深地伤害孩子的自尊心。面对各种突发状况，父母应保持冷静和理智，慎重处理，既要及时纠正孩子的不良习惯，又要保护好孩子的自尊心。因为，孩子远比我们想象得更加敏感与脆弱。

（2）优秀的孩子是鼓励出来的，不是羞辱出来的。

对孩子的教育绝对不能掺杂羞辱的成分，要多鼓励。只有鼓励才能让孩子相信自己能够做好，只有鼓励才能让孩子更有信心，并且变得更优秀。孩子没有成年人那么坚韧，他们不懂也做不到知耻而后勇。自尊心一旦受到伤害，孩子便会变得自卑、暴躁，从而做出很多伤害自己和他人的蠢事来。因此，父母要懂得保护孩子的自尊心，不要在无意中羞辱孩子。

（3）帮助孩子树立正确的荣辱观。

对孩子而言，保护自尊心的最好方法就是树立正确的荣辱观，形成强大的自我保护能力，这样才能抵抗来自外界的各种压力。为此，父母要引导孩子认清哪些行为是可耻的，哪些行为是高尚的。

如何引导孩子摆脱消极心理

心理知识

如果父母能和孩子经常沟通，了解孩子的内心感受，在孩子遇到困难时帮助其面对和解决，那么孩子就会表现出更多的积极情绪，成长为乐观阳光的人。相反，如果家长缺乏对孩子精神世界的关注，漠视孩子的消极情绪，或者过度担心、一味指责孩子，那么他们在生活中会沉浸在消极情绪里，无法自拔。

当孩子产生某些消极情绪时，不要责怪孩子，要让他们感受到来自父母的关心和理解。此外，耐心地告诉孩子产生一些情绪低落状态是正常、合理的，应给予他们充分的时间表达消极情绪，然后找到积极应对的方法，从而帮孩子走上健康成长的道路。

心理故事

李小军从小和奶奶生活在一起，直到上小学才和爸爸妈妈同住。可能是由于从小分隔开了，李小军和爸爸妈妈的关系总有一点疏远。

当李小军遇到难题时，妈妈总是尽力哄着："小军，遇到什么麻烦了，需要什么帮助吗？想开一点，我可以带你去看电影，或者去外面散心。"这时候，爸爸也会走过来，面对忧伤的小军安慰一番："小军，你感觉怎样？今天是否有点难过？"但是，小军分明感到爸爸妈妈的勉强，甚至不希望他们加深自己内心的忧伤。

对李小军来说，融入一个新的环境有点难度。因为无法适应眼前的一切，他变得消极气馁，不再是以前那个积极向上的孩子了。以前，他是一个热情的人，现在更喜欢独处。最后，父母只好求助心理医生，帮儿子调整心理状态。

心理指南

无论孩子和父母多么信任、关系多么好，两代人之间总会有一些隔阂。也就是说，父母总有走不进孩子内心世界的那一刻。在这种情况下，教育孩子掌握自我心理调节的技巧，就非常重要了。为此，父母要遵循下列步骤，采取有针对性的举措：

（1）仔细观察孩子的行为，学会预测孩子可能会出现的不良情绪与心理疾病。

想要帮助孩子，首先要了解孩子。父母应该多看一些相关的图书，关注孩子教育方面的事情，知道哪些事情容易使孩子感到紧张，甚至可能导致孩子沮丧。经验表明，这些事件包括住院、开始上学或者上学的最后一年、约好的亲戚来访、有计划的家庭搬迁、主要的节日等等。

了解了上述情形，父母就要做好准备，事先和孩子进行良好的沟通。

这样一来，孩子在经历这一切的时候，就会明白会发生什么，以及如何应对。当然，父母还可以在日常闲谈中，让孩子了解、认识这些事情的情况，避免孩子陷入不良的情绪中。

（2）孩子出现紧张、沮丧等不良情绪和症状时，父母要及时帮助他们化解。

父母要观察孩子有什么异常行为。通常，孩子在情感上陷入恐惧、焦虑、厌烦、伤心、激动、愤怒等状态时，就会在行为上表现出来。比如，从不同寻常的畏缩变成不同寻常的好斗，或者从不寻常的平静变成不寻常的抽搐和牙关紧咬。这时候，父母就要注意，孩子出问题了，必须及时进行干预。

父母采取有效的措施，不但能帮助孩子摆脱不良情绪的束缚，还能让他们切实感受到父母的关爱，增进对家庭的归属感。反之，孩子得不到来自父母的爱护和关照，就会一直处于紧张、沮丧等状态中，引发更加严重的后果。

（3）父母要在日常生活中成为一个特别优秀的倾听者。

防微杜渐，孩子的不良情绪会在日常生活中显露出来，或者因为情绪波动陷入紧张焦虑中。所以，父母要经常和孩子谈心，在交流中透露出对他们的支持，并且据此鼓励他们充分表达自己的感情。如果孩子把沮丧或者紧张宣泄出来，就能摆脱负面情绪的困扰，找回快乐幸福的时光。

在谈话中，父母要通过对孩子的感情做出相应的回应，并向孩子证明自己同情这种痛苦的体验。父母还要不时地点点头，表示自己理解孩子所说的内容。此外，父母还要注意插话，解释一下孩子关键的表述，并配合相应的面部表情、语音和语调。

在综合掌握上述技巧的同时，父母就可以完成对孩子的了解，从而采取有针对性的措施，让他们进行心理调节。通过这种努力，父母可以帮助孩子摆脱消极的情绪，变得积极开朗起来，迎接美好的前景。

赏识教育给孩子勇气和力量

心理知识

只注意发现孩子身上的缺点，看不到孩子的优点，这是许多父母的通病。他们或许更明白“谦虚使人进步，骄傲使人落后”的深意，但是经验表明，肯定孩子比否定孩子更能激发他们的进取精神。在家庭教育中，对孩子不敢大胆表扬，较多采用批评、惩罚的方法，往往带来许多消极影响，也背离了激发孩子潜能的教育初衷。

“千里马常有，而伯乐不常有。”人才在于培养，更在于发现和使用。在家庭教育中，也存在这种情形。父母只有扮演好伯乐的角色，善于发现孩子身上的亮点，才能激发孩子的自信心和潜能，促进成长、进步。

心理故事

亮亮放学回到家，把这次数学考试的成绩给爸爸看。“85 分？这些题目我都给你补习过啊，你怎么才考了 85 分呢！”爸爸大为不满。

妈妈拿过试卷，看了一会儿也抱怨起来：“这么简单的题目都不会做，你能干什么？”“这个符号都不会写，怎么能不丢分呢？”爸爸禁不住在一边附和：“你怎么这么笨？”

亮亮听了这样的话，感到特别自卑，简直失去了继续好好学习的心思。难道自己真的像爸爸妈妈说的那么笨吗，孩子在父母的牢骚声中变得不自信了。

心理指南

当孩子取得了不错的成绩时，父母不应该把内心的喜悦隐藏起来，而应毫无保留地表达赞赏和肯定。和孩子一起分享成绩，本身就是一件快乐的事情，也能增进父母与孩子之间的感情。如果父母对孩子的成绩视而不见，甚至提出善意的“批评”，不但让孩子产生巨大的失落感，更会让他们对自己的努力加以否定。

而当孩子在学习、生活中不尽如人意时，父母则应通过鼓励的话语激励孩子继续努力，日后取得优异的成绩。反之，对孩子恶语相向，会让他们产生自卑、破罐子破摔的想法。

历史上，凡尔勒的科幻小说得到第 16 家出版社的赏识，作品才得以蜚声世界；俄国著名诗人普希金得到茹可夫斯基的赏识，最后才成为“俄罗斯文学之父”；而白居易得到顾况的赏识，才诗满天下，在我国文学史上占有一席之地。

告诉孩子“你真棒”，这是父母给孩子最好的礼物，能够最大程度上让孩子充满自信地面对明天的路途。林肯说过：“每个人都希望受到赞美。”扪心自问，难道我们不强烈渴求自尊和他人的重视吗，父母要学会将心比心，才能在换位思考中理解家教的真谛。

生活中，孩子会因为父母的表扬而越来越出色，也会因为父母的轻视或呵斥而日益消沉、自甘堕落。在与孩子沟通的过程中，父母应该学会利用一个肯定的手势，一次期望的目光，给孩子更多期许和鼓励，给他们更多进步的动力。

显然，那种一味苛求孩子的做法，常常让幼小的心灵缺乏行动的勇气和力量，甚至产生抵触情绪，最终一事无成。为此，好妈妈要做好以下几点。

（1）把家教融于鼓励、赞许之中。在许多孩子的眼里，被赞赏成了可望而不可及的一件奢侈品。即便取得了好成绩，父母往往也非常吝啬表扬的话语，结果孩子因为得不到肯定逐渐丧失了进取心，甚至与父母渐渐疏远。因此，父母需要改变以往旧有的家教方式，尝试着用鼓励和赞许给孩子前进的动力。

（2）把孩子的不足、失误看作自己的事情。一些父母之所以总是对孩子喋喋不休，苦口婆心，是因为孩子学习成绩不理想，或者经常惹麻烦。发生这种情况的时候，父母不要一味责怪孩子，这样只能让他们感受到巨大压力而于事无补；正确的做法是把孩子的不足和失误看作自己的事情，努力帮孩子想办法解决，并给予鼓舞和支持。

（3）避免把孩子与其他人比较。“有比较才有鉴别。”在教导孩子的时候，有些父母自觉不自觉地把孩子与他人比较，夸奖对方而贬低自己的孩子，这样往往容易挫伤孩子的自尊心和自信心。世界上没有两片完全相同的树叶，每个人都是世界的“惟一”，具有自身的独特性。父母应该尊重孩子之间的差异，并发挥孩子的长处，促使他成长进步。

孩子自我认可度低怎么办

心理知识

自我认可度低非常不利于良好性格的形成，这种孩子大多内心自卑，遇事总是抬高别人，否定和贬低自己。由于不自信，他们对自己的能力常常持怀疑态度，办事总是思前想后，害怕被人讥笑、挖苦，做事缺乏毅力，遇到挫折会退缩不前，且往往转而责备自己。

永远不要指望一个不自信的孩子，可以做出实质性的成就，取得令人惊异的成果。“自信是成功的第一秘诀”，正如美国思想家、文学家爱默生所说，自信对于孩子的影响是非常深远的，它是打开孩子人生潜能的钥匙，是优良品格中的中流砥柱。

心理故事

陈楠从小到大都是学霸，北大毕业后，她进入世界著名学府普林斯顿大学深造，后在美国某知名制药公司工作。

每次公司开会都是陈楠最郁闷的时候，会上，很多美国同事都自信到爆表，开口就是“我创造性地解决了这个问题”“我对这个课题的把握是最精准的”……事实上，陈楠的专业技术能力远远超过这些同事，但是她无论如何没有勇气表达意见。

事实上，就是因为“不够自信”，她在职场上失去了很多上升的好机会。直到成为一名母亲后，陈楠才深刻认识到家庭教育对于培养孩子的自信是多么重要。

女儿的班上有一个智商不足的孩子，即便10道题只有1道做对了，老师也会夸奖一番，还会专门在讲台上展示给大家看，让同学们一起为他的努力鼓掌。“在这种环境中长大的孩子，怎么可能不自信呢？”陈楠感慨地说。

心理指南

身为父母，我们一定要常常留意孩子的心理变化，避免孩子陷入自我认可程度低的情绪中。通常，自我认可度低的孩子内心敏感多疑、过分追求表扬、常常产生消极的自我心理暗示。

孩子自我认可程度低与先天因素关系不大，这主要是源于不良的成长环境。总的来说，这个问题的成因比较复杂，在此只对核心因素做简单介绍，以便给家庭教育提供必要的参考。

首先，孩子不够自信与父母的教育和影响分不开。如果父母本身就是缺乏自信的人，遇事总是说“我不行”，必然会影响孩子的认知。“连父母都做不到，我肯定更不行了”，孩子会对自我能力产生怀疑，甚至质疑个人能力。

其次，不当的教育方式也是造成孩子缺乏自信的罪魁祸首。父母、教师长期训斥孩子，批评责备过多，而肯定赞扬较少，就会让孩子形成“我就是没用”的心理暗示，从而变得胆怯多疑、谨小慎微、自卑心重。此外，父母总是拿孩子与同龄人进行攀比，也会对孩子的心理造成不良影响。

最后，孩子生活在什么样的环境就会产生什么样的心态。父母离异、家庭暴力等破裂的家庭环境，会导致孩子得不到足够的爱，因为感受不到温暖而产生“我是多余的”等被遗弃感，因此自我认可程度低也就不足为奇了。

自我认可程度低的孩子，对自己的实际能力和品质评价偏低，如果被这种消极情绪笼罩，那么其身心发展和社交能力都会受到严重的约束和制约，个人潜能也得不到正常发挥。

面对自我认可程度过低、不自信的孩子，父母朋友们应该怎么办呢？

（1）慎用批评，赏识有度。

经常被批评的孩子容易质疑自我。谁也不喜欢总是被父母数落、指责，孩子越表扬越上进，越批评越堕落。因此，一定要慎用批评，多发现孩子的闪光点，少抓住无足轻重的小缺点大做文章。当然表扬也要有度，以免孩子从这个极端走到盲目自大的另一个极端。

（2）给予锻炼，提升能力。

孩子自我认可度低，很大程度上是因为他们失败得多，成功得少。

我们可以多给孩子一些锻炼的机会，不要嫌孩子手脚不灵活、动作慢，避免大事小事全部包揽到自己身上。让孩子独立完成力所能及的事情，在这个过程中，他们会体验到“成功”的感觉，并体会到“成就感”带来的精神激励。

实践出真知，反复多次的实践能更好地帮助孩子客观、全面地认识自己，提高做事的能力，自我认知也会得到更完善地发展。如此一来，孩子自我认可程度过低的状况就会逐渐得到改善。

学会分享情绪，才能亲近孩子

心理知识

孩子遇到麻烦或不开心的事，都会有自己的小情绪。这时候，他们尤其需要家人的理解和陪伴，能够分享内心的感受，进而得到帮助。比如，在学校得到表扬，孩子希望家长分享这种快乐；受到委屈的时候，他们渴望得到安慰。

善于分享孩子的情绪体验，家长才能亲近他们，成为他们心目中值得信赖的人。然而，习惯以命令式的口吻教育孩子，甚至千方百计控制孩子，正在成为许多家长的教子之道，这不能不说是一种遗憾。

显然，家长习惯用自己的经验、阅历替代对孩子情绪的了解、分析和判断，结果他们总是得出错误的结论，与孩子的矛盾也与日俱增。忽略孩子的内心感受，这是亲子之间产生抵触情绪、关系疏远的重要原因。时间长了，必将严重影响孩子的心理健康。

心理故事

卡尔有一个富有的爸爸，能享受到最好的物质生活，似乎一切要求都能得到满足。不过，爸爸给卡尔安排了各种各样的课程，从不征询孩子的意见和感受，显得有些霸道。

这一天，卡尔上完补习班回到家里，一言不发地回到自己的房间。妈妈喊他出来吃饭，竟然得不到回声。一连好几天，卡尔都是这个样子，爸爸和妈妈不知道孩子为什么变得沉默寡言，不禁担忧起来。

过了几天，爸爸接到补习班老师的电话，说孩子已经好久没来上课了。到了晚上，卡尔按时回到家，爸爸走过来严厉地责问为什么不去上补习班。卡尔毫不在乎，只是说自己厌恶学习。随后，爸爸对卡尔大声斥责。

没想到，到了第二天傍晚，卡尔始终没有回家。后来，爸爸到卡尔的房间查看有什么异常，在抽屉里找到了一封信。大致内容是，卡尔从来得不到爸爸的问候，只给物质上的满足，内心感觉很压抑，学习压力无人倾诉。

至此，爸爸幡然悔悟，对自己过去的做法非常懊恼。后来，在老师和同学的帮助下，卡尔回到了家里。在以后的日子里，爸爸和妈妈非常注重与卡尔进行情感交流，再忙也会抽出时间说心里话。爸爸学会了站在孩子的立场考虑问题，学会了分享孩子的情绪，一家人变得和睦融洽。

心理指南

心智尚未成熟之前，孩子缺乏情绪掌控能力，此时家长尤其需要经常与孩子交流，了解他们的感受，以及遇到的麻烦和困难。学会与孩子分享情绪，帮助他们走出困境，不仅是孩子健康成长的需要，也是密切亲子关系的重要方式。

对家长来说，不必恐惧孩子陷入不良情绪中，那不是什么严重的问题；重要的是，你时刻掌握孩子的情绪变化与心理需求，能够及时帮助他们摆脱不良情绪的困扰。当孩子需要帮助的时候，如果家长没有及时给予援手，不仅会损害孩子的心智，也会让他们感觉你不称职。

（1）多站在孩子的立场考虑问题，无论遇到任何问题都加强沟通。其实，沟通就是分享的过程，你与孩子保持平等的身份，自然容易赢得对方信任。家长端着架子训诫孩子，最容易让他们产生抵触情绪。如果无法亲近，你又怎么能够相信孩子会说出真心话呢?

（2）在沟通与观察的基础上，说出孩子内心的感受与需求，更容易令其感同身受，得到理解和温暖。家长与孩子平等交流，准确说出孩子的心理诉求，会让他们对你产生信任感、依赖感。有了这个基础，他们自然会主动与你分享内心的情绪体验。

总之，家长要牢记一点，不要与孩子的情绪为敌。他们的情绪来得快，也去得快，学会理解和包容孩子的情绪，才能在分享中找到应对之策，帮助孩子解决成长道路上的难题。

孩子悲伤时，家长的陪伴让他们感受到温暖；孩子快乐时，家长的理解让他们快乐加倍。学会分享孩子的情绪，才能更好地亲近孩子，彼此成为无话不说的好朋友。

再婚家庭中的儿童心理健康

心理知识

离异是一种无奈的选择，为了追求个人幸福，同时也为了给孩子更多家庭温暖，许多父母在离异后选择了再婚。需要注意的是，再婚家庭的子女教育问题有其特殊性，父母要了解孩子的心理感受、站在孩子立场考虑问题，最大限度地减少再婚对孩子的负面影响，让他们健康成长。

一些父母再婚以后，会对孩子失去生母或生父的关爱，怀有一种愧疚心理，于是过分宠爱娇惯孩子，结果失去了对孩子正常地管教。还有一些父母再婚以后，沉浸到个人的幸福生活中去，不对孩子加以关爱和照顾了，甚至把他们当作累赘、包袱，采取了漠不关心的态度，结果让孩子受到了冷落。种种做法对孩子成长来说，都是不利的。

心理故事

有一个新组织的家庭，父母两人都因为工作关系在外出差，只请了一个保姆照顾两个孩子的饮食起居。有一个周末，哥哥和弟弟为了一个玩具争执起来。哥哥说："这个玩具是我的，你不能玩！"弟弟毫不示弱："那是我爸爸给你买的，那是我爸爸的钱买的！"最后，两个人动起手来。

起初保姆并没有在意，直到哥哥用扫把将弟弟打得头破血流时，她才意识到问题的严重性，立刻把孩子送到了医院。结果，这一对兄弟在幼小的心灵里埋下了怨恨，直到长大成人都对彼此保存着很深的偏见，更不要说对家庭产生好感、给予对方照顾了。

心理指南

对许多人来说，"家"是一个温馨的字眼。而在孩子的眼里，家更是心灵的栖息地，是爱的居所。当父母离异或一方早逝后，孩子会遭受心灵的创伤；当父母选择再婚时，则给孩子带来另一次刻骨铭心的体验。所以，父母要处理好再婚的问题，让孩子享受到家的温暖，而不是遭受新的折磨和打击。

霍姆林斯基说："如果学生不愿意把自己的欢乐和痛苦告诉老师，不愿意与老师开诚相见，那么谈论任何教育总归是可笑的。"同样的道理，在家庭生活中，父母不注意与孩子建立良好的沟通关系，不注意再婚对孩子心理产生的微妙变化，是一种不负责的表现。为此，了解再婚对孩子可能产生的心理影响，很有必要。

第一，怀旧心理。父母再婚以后，孩子会对以前的爸爸或妈妈产生越来越强烈的怀念和依恋。通常，孩子会难以忘怀旧家庭成员相处的时光、友谊、亲情。特别是对眼前的家庭生活不满意时，孩子的怀旧心理会更加强烈。

第二，孤僻心理。在重组家庭里，孩子会因为父亲（母亲）的粗心或与继父母之间的隔阂，使自己陷入不能进行亲情交流的困境。孩子觉得自己在家庭中是多余的人，自然而然就会产生孤独感。通常，孩子会把这种情绪带到学校中去，表现为孩子不合群、独来独往，结果与同学的关系往往处理不好。

第三，嫉妒敌对心理。看到同学享受家庭的温暖，与自己的父母友好相处，再婚家庭的孩子往往会妒忌别人温暖的家。随着妒忌心理的加强，孩子容易丧失理智，变成一种羞于启齿而又十分强烈的憎恨心态。于是，孩子开始不相信周围的人，排斥周围的人，甚至把他人的善意批评或好言相劝当成恶意的举动。孩子走向极端以后，很容易做出一些过火的行为。

因此，再婚的父母要注意孩子的言行，遇到问题的时候要帮助他们走出心理危机。当然，最重要的是为孩子创造一个愉快的家庭氛围，多为孩子创造人际交往的良好环境，同时耐心给孩子讲解，让他们明白离婚和结婚都是非常正常的事情。当父母消除了孩子的误解和顾虑，并引导孩子把注意力投放到学习、娱乐上时，就能带他们走进新的生活中去。

（1）让孩子正视现实，同时正视孩子的心理危机。

社会的变迁使得传统的婚姻家庭观念受到了前所未有的冲击，离婚、再婚成为正常的社会现象。父母除了让孩子正视这些现实外，也要正视这些事情对孩子心理的冲击。一旦发现问题的时候，就要积极面对，不回避。只有在心理上和情绪上安抚孩子，才能让孩子健康成长，避免出现离家出走、自杀等极端行为。

（2）通过坦诚交谈、良好沟通和积极鼓励，帮助孩子走出心理阴影。

父母不能对婚姻家庭变故避而不谈，良好的沟通会使父母了解孩子内心的情感要求。让孩子了解家庭的情况，必要时请孩子参与家庭的重大事情讨论与决策，能让孩子得到重视、关爱，激发他们生活的热情。更重要的是，通过倾心交谈，能够最大限度地传递温情，真正走进孩子的内心世界，消除大人与孩子之间的误解。

第03章
儿童行为心理学
请善待熊孩子的“无理取闹”

孩子反复扔东西、停不下来、黏着妈妈、抢别人东西……遇到这些问题，不要认为孩子行为古怪，也不要认为孩子“变坏了”。读懂孩子的行为模式，破解孩子的行为密码，就能理解并规范孩子的行为。

不要“严惩”淘气的孩子

心理知识

著名作家冰心说过一句话:“淘气的男孩是好的,淘气的女孩是巧的。”孩子淘气是很正常的，“淘气”中潜在着求知的渴望、认识的提高和智能的发展。孩子“淘气”的时候，往往在通过观察、触摸、谛听以及联想，发现周围世界的秘密，从而使自己的视觉、触觉、听觉、嗅觉、味觉都得到锻炼和发展。

孩子在“淘气”的过程中，积累了生活经验，提高了思维能力，逐渐认识了纷纭复杂的大千世界，从无知变为有知，从愚昧变得聪明，从幼稚发展为成熟。这既是一种内在的冲动和需要，也是个人成长的必然结果。因此，父母要尊重孩子不可遏制的求知欲，无所顾及的探究欲和大胆的不拘一格的开创精神。

心理故事

马上就要搬到新家里了，妈妈带着小明去买家居用品。本来，妈妈这几天一直到处跑,已经够累的了,根本不想带着小明这个淘气包。然而，她经不住孩子死缠硬磨，最终答应了。

小明和妈妈来到卫浴产品大厅，准备看看马桶和浴盆。看着里面漂亮的洁具，他充满了好奇心，忍不住把小手递过去，这里摸一下，那里抓一把。小明回头一看，只见妈妈正在和导购员交流。于是，他胆子更大了，随便动起这些吸引人的产品来。

刚开始的确好玩，后来小明产生了一个疑问，马桶为什么能够工作呢？他想看看里面有什么秘密，于是翻弄起来。正当小明玩得最有兴致的时候，只听哐当一声……他一不小心把简易洗手盆打翻了，而盆子翻下来的时候刚好砸到了旁边的抽水马桶，还把小明的额头撞了一个大包。

意外发生以后，小明顿时蒙了。只觉得额头火辣辣地疼，他禁不住嗷嗷大哭，妈妈急忙跑过来，心疼地问碰到哪儿了。当然，除了额头受伤以外，小明更多的是害怕，因为自己闯祸了。

果然，不出小明的意料，导购员开始和妈妈商议损坏的马桶怎么处置。听说要照价赔偿，妈妈狠狠地瞪了小明一眼，吓得他把头转到了一边。结果还没买马桶，就先搭上了一个。妈妈索性对小明说：“还哭呢，都怪我没有看好你。看来咱们和这个马桶有缘，干脆就算买了它吧，碰掉的那块瓷，就当个纪念了。”

回到家以后，小明要么静静地坐在沙发上看电视，要么回到自己的屋子里呆着，不敢大声说话，也不敢乱动。因为他知道，今天闯祸了，所以变得特别乖。

心理指南

许多时候，淘气的孩子对爸爸妈妈来说可能是一种负担。因为，他们不仅要照顾好家庭，还要面对工作中的压力。有时候，父母可以对淘气的孩子耐心教导，但是孩子频繁地招惹是非，可能会让父母失去耐心。在这种情况下，许多父母就会对屡教不改的孩子失去信心，甚至将其视为“害群之马”急欲推开，于是采取权威压制的做法。

对父母来说，通过斥责、严格限制，或许能让淘气的孩子变得“老实”；但是，这种教育不是万能的，它可能已经损害了孩子的进取心、探索能力，从孩子成长的角度来看，奉行这种教育又是万万不能的。

孩子“闯祸”的背后往往隐藏着探索精神，淘气的孩子可能是未来各行各业的能手，甚至是独树一帜、卓有成绩的专家、学者。所以，淘气并非坏事，它绝不等同于捣蛋与过失。对淘气的孩子，父母要善于包容，避免对他们横加限制。

那么，孩子犯了过失怎么办？要坚持多劝诱、多疏导、多示范的教育方法，让孩子明辨是非，鉴别对与错。更何况，上面这个故事中的孩子之所以淘气，是在研究自动玩具的秘密。对此，父母只能以包容的态度，鼓励孩子，而不能干涉和斥责。

许多父母都有这样的体会，和淘气的孩子在一起，总感觉到他们有闯不完的“祸”，让人生气，有时甚至大动干戈。其实，以包容的心态来看，孩子的“祸”事隐藏着孩子对这个世界的好奇心，是他们渴望了解世界、探索世界的冲动。聪明的父母每个星期都要抽出时间和孩子们一起玩耍，努力引导淘气的孩子，鼓励、帮助他们发现这个世界的秘密。

当然，孩子们的淘气有时也存在着一定的破坏性，甚至是危险性，而这一点又是他们所始料不及的。当孩子被强烈的好奇心驱使，一心一意地去探究时，往往是“忘我”的，不计后果的，待到严重的后果呈现后，他们才会有惊恐的心理产生。这时，父母就要学会教导孩子认识“淘气”可能带来的危险，远离潜在的意外伤害。

避免对孩子恃宠而骄

心理知识

父母宠爱孩子是人之常情，但是因为过于宠爱导致溺爱，已经成为家庭教育中的一个通病。任何事情都要把握好一个“度”，所谓“过犹不及”，偏宠孩子很容易导致“恃宠而骄”，最终会害了他们。

殊不知，溺爱孩子的做法会让他们养成不听话、不守规则的坏习惯。从某种意义上说，是家长培养了孩子不听话的恶习。结果，孩子产生了这样的心理误区：只要胡搅蛮缠，妈妈就会满足自己的要求。

心理故事

有一天晚上，马小军吃过晚饭就照例看动画片。这时，爸爸走过来微笑着对他说：“小军，马上要期末考试了，先复习功课吧！”马小军正看得高兴，听到这里没好气地说：“躲一边去！”

爸爸真为孩子的考试着急了，所以禁不住多说了几句。结果，马小军气冲冲地一甩门就出去了。爸爸以为他又像往常一样去邻居家玩了，就坐在屋子里生闷气。几个小时后，小军还没回来，爸爸急忙去找，哪知道他根本没去邻居家，竟然离家出走了。

一家人急忙四处寻找，还到公安局报了案。但是，几天，十几天过去了，马小军始终没有回来……一个孩子因为任性，让父母承受了无尽的痛苦煎熬，也毁灭了自己的一生。

心理指南

多子女家庭对待自己的孩子，应该一视同仁。独生子女家庭，对孩子也要避免过于偏袒和宠爱。原因很简单，受宠的孩子会产生一种与生俱来的优越感，生活中骄横任性、不知自律。这对他们的成长会带来许多负面影响，也不利于孩子身心健康。

一些孩子成长过程中误入歧途，走了弯路，大多是恃宠而骄的结果。对此，为人父母者不可不三思。

法国著名教育家卢梭曾经说过：“当一个孩子哭着要东西的时候，不管他是想更快地得到那个东西，还是为了使别人不敢不给，都应当干脆地加以拒绝。”“拒绝”，是为了避免放纵孩子，让他们懂得凡事都不是随心所欲的。这样一来，孩子才能积极主动地适应周围的环境，通过自己的努力实现目标，真正做到自立自强，而不是成为温室里的花朵。

孩子我行我素，恐怕许多父母都无计可施。不同的是，有的父母会拒绝孩子的不合理要求，让他们懂得什么是对的、怎样做是错的；而另外一些父母不能应对孩子的撒泼耍赖，只得乖乖就范，让他们得寸进尺。

在孩子成长的过程中，父母要帮助他们约束、控制自己的情绪，而不能为了让孩子尽兴，就竭尽全力满足他们的种种要求。因为这种一味顺从的态度会鼓励孩子在自私的道路上越走越远，最终毁了自己的人生。如果孩子只看重自己的利益和要求，不在乎别人的需要，就不能正常与人打交道，更不要说与别人合作、走向成功了。

其实，最可怕的情形是，孩子被宠坏了，而他自己根本意识不到这一点。这样一来，他们就会习惯别人肯定的回答，并习以为常，一旦遭到合理、正当的拒绝，就会难以忍受，甚至走上极端的道路。

因此，父母要避免对孩子娇生惯养，学会给出否定的回答。由着他、顺着他、惯着他，可能暂时赢得了孩子的欢心，但对他们日后成长实在是一种灾难。生活中，下面这些行为会对孩子成长带来不利影响，需要父母加以警惕：

（1）过于照顾孩子。父母照顾好孩子既是一种责任，也是一种义务。但是有的父母过于关照孩子，就值得商榷了。比如，家里有了糕点、水果等美味食品，只让孩子一个人享受，甚至不让爷爷、奶奶、姥姥、姥爷品尝。长此以往，孩子便认为一切好东西都理应属于自己，这种“吃独食”的心理一旦养成，日后很难纠正，会让孩子越来越自私自利。

（2）孩子过于偏食。父母爱子心切，只根据孩子的爱好，而不根据孩子的营养需要进行喂养，使孩子形成“偏食”和“忌口”。有的孩子长期不吃蔬菜而造成习惯性便秘，有的孩子只吃某些单一食物而造成贫血，还有的不按时定量进餐而造成营养不良。这都是偏宠孩子带来的危害。

（3）对孩子偏爱过多。在多子女家庭，父母对孩子的看法、态度往往不一致，主要表现为喜欢男孩或女孩，偏爱老大或老二，对自己喜欢的孩子过于看重，容易让他养成骄横自私的个性。

儿童与生俱来就有依赖心理

心理知识

孩子对父母的依赖心理是与生俱来的。从牙牙学语开始，孩子与父母之间就已经建立起了深厚的依赖关系：当孩子感到恐惧时，会立刻飞奔到父母的怀里——他们觉得安全了；当孩子受到伤害时，会立刻飞奔到父母的怀里——他们得到了安慰；当孩子感觉累了，会立刻飞奔到父母的怀里——他们得到了最好的照顾……

在幼儿时期，这种所谓的依赖是合情合理的，因为孩子幼小，需要父母的呵护才能健康地成长。可是随着年龄增大，孩子的世界也开始渐渐变大，这种依赖关系就需要逐渐减少，他们应该独立了——独自面对人生。

心理故事

由于身体原因，妈妈年纪很大才生下小文。中年得子的快乐让妈妈和爸爸对小文疼爱不已，真可谓“含在嘴里怕化了，捧在手里怕碎了”。

小文 5 岁多的时候，已经长得人高马大，比同龄的孩子高出了整整一头。即便如此，妈妈还担心孩子受欺负、受伤害。

有一次，小文去公共场所玩滑梯，妈妈和爸爸一副如临大敌的架势。妈妈扶着孩子一步一步地走上去，坐下来；然后，爸爸站在滑梯的底端，张开双手做出拥抱的姿势。结果，一个简单的滑梯游戏，孩子没有玩出一点汗，妈妈和爸爸早已汗流浃背了。

在父母的严密呵护下，小文到了上小学的年龄。第一天送孩子上学，简直是一场催人泪下的骨肉分离剧。小文双手紧紧拽着爸妈的手，哭得一把鼻涕、一把眼泪。小文的爸爸妈妈也满脸泪水，迟迟不忍离去。最后，老师实在没办法了，只能督促家长迅速离开学校。

看到爸爸和妈妈离开了，小文始终不能安静下来。他哭着闹着找爸爸妈妈，说什么也不在教室里待着。老师使出了浑身解数，都无济于事。看到孩子实在无法正常上课，老师只好拨通了妈妈的电话。

心理指南

生活中，有的孩子对家长的依赖性太强了；面对这种情况，家长必须采取果断措施，及时纠正孩子的依赖性行为。否则，过强的依赖心理会让孩子失去独立生活的能力，形成自卑、懦弱的性格，乃至影响到孩子的正常生活。

著名教育家陶行知先生说：“流自己的汗，吃自己的饭，自己的事情自己干，靠天靠人靠祖上，不算是好汉。”父母带孩子来到世界上，给予他们生命，同时也要教会他们独立生存的能力。只有摆脱了对父母的依赖，孩子的独立能力才能得到提升，才能释放自身的潜能，塑造完美的人生。

美国商业领袖罗伯特·汤森说：“人最终要独立地走向社会，必须拥有自主独立的能力。”父母想让孩子成为一个独立的社会人，必须从小培养孩子的自主、自立、自强精神，并引导他们在实践中不断成长。

摆脱依赖心理不是一件容易的事情，对孩子而言，它如春蚕破蛹，需要经过一番周折。为此，父母一定要坚持立场，多一些耐心，从小事做起，让孩子成为一个独立的个体，迈向健康成长的道路。

（1）搞清楚孩子依赖的对象，尽可能地减少孩子与依赖对象之间的接触。

（2）扩大孩子接触、交往的范围，让孩子有机会结交更多的朋友。

（3）多给孩子制造一些独处的机会，比如让孩子独自购物、独自学习、独自睡觉、独自上学等。

（4）培养孩子的自信心。依赖性强的孩子，自信心不足，总是认为自己不行。对此，父母不要加以指责，应该给予鼓励，查找影响孩子自信心的根源，彻底修正。

赏罚分明，这样给孩子定规矩

心理知识

孩子对外部世界的理解，包括对是非的判断，在很大程度上来自父母的态度。父母对一些行为进行鼓励，孩子会认为这样做是“对的”；父母对一些行为进行惩罚，孩子会认为这是“错的”。

适度的奖赏是对孩子正确行为的鼓励，有利于增强孩子的自信心；而必要的惩罚同样有助于孩子的健康成长。过度的奖赏会让孩子膨胀，过度的惩罚易让孩子自卑。在家庭教育中，赏罚教育要适度、要分明。

心理故事

为了让孩子成才，爸爸对宁宁从小进行严格教育。有一次，宁宁与几个小伙伴一起踢球。大家你夺我抢，一不留神将邻居的玻璃打碎了。邻居家的孩子比宁宁等人大几岁，不由分说上来就打宁宁的伙伴。为了维护同伴，孩子们纷纷上前和邻居家的孩子讲道理。他们表示打碎玻璃不是有意的，可以赔偿。

然而，邻居家的孩子不肯罢休。看着小伙伴被打得这样惨，宁宁终于忍不住了。他冲上去，与邻居家的男孩扭打在一起。最后，虽然宁宁也受了一些轻伤，但是邻居家的孩子被打得头破血流，送进了医院。

随后，邻居找上门来，大吵大闹。爸爸听说宁宁竟然将邻居的孩子打伤病住进了医院，顿时怒火中烧。晚上，爸爸沉着脸责问宁宁，不由分说将儿子暴揍一顿。第二天，又押着宁宁给对方赔礼道歉。

尽管心里不服气，但是面对愤怒的父亲，宁宁不敢不服从。然而，这件事在宁宁的心理上留下了阴影。他对爸爸不护着自己的行为无法理解，开始慢慢疏远对方。

妈妈看出了宁宁的心思，主动与丈夫沟通，认为一味惩罚孩子的教育方式不合理。她认为，宁宁之所以有这样出格的行为，从根本上是为了保护朋友。在这一点上，宁宁值得表扬。爸爸认真思考了一下，觉得妈妈说得有道理。

第二天，爸爸送给宁宁一辆变形汽车。这是宁宁一直想要的礼物，因此高兴极了。随后，爸爸说道："这是对你那天勇于保护朋友的奖赏，尽管你采取的行为是错的，但是已经得到了惩罚。赏罚要分明，错了要惩罚，对的也要奖赏。"

听到这里，宁宁瞬间有些委屈，高兴之余觉得爸爸的形象高大了很多。

心理指南

在大力提倡素质教育的今天，赏识教育成为一个热门话题。孩子们听到了太多夸奖之语，容易迷失心灵，听不进任何有意义的忠告，也经受不起一点惩罚。这样一来，孩子不清楚什么事情该做、什么事情不该做，无法培养出应有的规则意识。

教育是一门艺术，有时需要柔软，有时需要强硬。父母坚持赏罚分明，才能规范孩子的基本行为。显然，赏罚结合有助于孩子弄清规则、健康成长，走向成功。因此，父母在日常生活中要学会给孩子定规矩，并且严格执行，只要信守诺言就容易在互信中达成共识，培养出守规矩的孩子。

“熊孩子”为什么那么“熊”

心理知识

孩子看上了一个玩具，妈妈不给买，结果孩子坐到地上哭闹起来；虽然爸爸再三警告，但是孩子仍然把桌上的鱼缸打碎了，还以此为乐……为什么生活中有那么多熊孩子？根本原因在于孩子缺乏自我管理能力。

不懂得根据所处的环境调整自己的行为，抑制不住不合时宜的心理冲动，遇事乱发脾气、任性乱来、缺乏耐心、注意力不集中等，都是孩子不适应社会生活的典型表现。而他们的种种言行，给人留下了缺乏教养、不懂事的印象。

心理故事

浩浩从小生活在爸爸妈妈身边，而爷爷奶奶常年在外地。去年，爷爷奶奶来到浩浩家过春节，对可爱的小孙子爱不释手。可是，浩浩和他们不熟悉，总是拒绝爷爷奶奶靠近自己，更别提让他们抱一下。

两位老人不远千里来到日思夜想的孙子身边，原本以为能够一享天伦之乐，谁曾想竟然是这样尴尬的局面。因此，老人有些着急，尤其是爷爷，为了能够抱一下小孙子，竟然采用了强制手段——硬生生地抱起了孩子。

那一刻，浩浩好像受到了惊吓，立即大闹起来。情急之下，这个熊孩子竟然动手打了爷爷。爷爷不能接受浩浩不尊重老人的行为，认为孩子没有被教育好，应该教训一下。于是，他耐心的给孙子讲道理。结果，浩浩根本听不进去，恼羞成怒之余把桌子上的玩具打翻在地。

看到孙子无理取闹的样子，爷爷有心再管教一下，却不知如何下手。旁边的奶奶看着浩浩耍赖的样子，也一筹莫展。

心理指南

孩子无理取闹，做出过火的举动，给人欠管教的印象，这些行为是典型的缺乏自我管理能力的表现。那么，熊孩子为什么有这些举动呢？

从根本上说，是因为家长对孩子的教育缺乏必要的引导。通常，孩子在 3 岁之前就会表现出种种无礼的言行，他们对这些行为缺乏基本的判断力，但是需要父母给予纠正、指导。如果以孩子年纪小为借口，对这些无礼行为听之任之，最后就会培养出一个个熊孩子。

那么，应该怎样杜绝熊孩子的产生呢？

（1）了解孩子的自我控制系统。孩子的自我控制是他们对自身情绪和行为的主观掌控，这是一个非常复杂的心理结构，是孩子通过自主调节而使自己与社会相融合的能力。这种能力常常表现为：遵守规矩，按照规则办事，根据所处的环境调整自己的言行等，这就是孩子的自控能力。

（2）注重培养孩子的自控力，杜绝产生过火行为。孩子自控能力的大小，对其今后的成长至关重要。孩子缺乏自控能力，就会产生很多无理取闹的行为。不仅如此，如果任由孩子一直“熊”下去，还会诱发很多高危行为，比如吸毒、犯罪、酗酒等。因此，父母一定要注重培养孩子的自控力，杜绝熊孩子的产生。

如何面对爱说谎的孩子

心理知识

孩子说谎往往出于各种心理，比如选择逃避、掩盖错误、维护自尊心等。这反映了孩子在特定情境下、特定时期微妙的心理活动，能帮助父母有效掌握孩子的心理变化与情绪波动。

显然，一味地控制孩子说谎的行为是盲目的，要了解孩子为什么说谎，才能找到根本原因，有针对性地解决问题。

心理故事

“妈妈，小宇今天不洗脸了，好不好？”“当然不行，必须天天洗脸，经常洗手。”这样的对话，从孩子能够独立洗漱开始就不断地出现在小宇妈妈的家庭生活中。

然而，担心的事情还是发生了——儿子开始说谎了，显然这不是一个好现象。这一天睡觉前，妈妈问小宇：“儿子，你洗漱了吗？”小宇坚定地说道：“洗漱了，姥姥帮我洗的。”看着儿子坚定的样子，妈妈选择了相信。

为了确定孩子没有欺骗自己，妈妈带着询问的眼光看了看母亲。母亲轻轻地摇了摇头，答案已经有了，孩子说谎了。妈妈的心一下子紧张起来，是什么原因导致孩子开始说谎呢？面对说谎的孩子，妈妈应该怎样应对呢？

随后，妈妈问小宇："为什么说谎呀？明明没有洗脸，为什么要说姥姥帮你洗了？"小宇立即狠狠地瞪了姥姥一眼，似乎在质问姥姥："为什么出卖我，为何不帮我一起圆谎？"看着眼前的一幕，妈妈也不知所措了。

心理指南

一个人长期说谎，外界对他的信任度会降为零，如此一来，他会因为说谎失去很多重要的机会。诚实是孩子通往成功的重要品质，不诚实的孩子终将为自己的行为付出惨痛的代价。

生活中，父母朋友们不能纵容孩子的说谎行为，应从小培养孩子诚实的品质，成为一个有责任心的人。为此，要做好以下两点。

（1）以身作则，父母要坦荡为人。

生活中，许多父母出于各种原因会说谎，这在无形中影响到孩子的言行。做一个心胸坦荡的人，放下伪装的面孔，孩子自然会从父母身上学习到诚信的品质。

（2）防微杜渐，纠正孩子说谎的倾向。

人之初，性本善，没有任何孩子一出生就喜欢说谎。很多不良习惯都是从微不足道的小毛病发展起来的，父母一旦发现孩子出现撒谎的毛病，就要选择合适的方式进行纠正，别等到事态发展到不可控的地步才行动。

（3）放弃批评和斥责，选择引导为主。

发现孩子说谎以后，很多父母往往非常生气，第一反应就是揭穿孩子的谎言，进行狠狠的批评。这样做往往适得其反，非但不会有效制止孩子撒谎的行为，还会造成亲子关系紧张。与其批评和指责，不如正确引导孩子理解撒谎行为的危害。

从小培养孩子的“秩序感”

心理知识

“秩序感”是人们通过观察周围环境来预测规律运动变化的能力。婴儿刚刚出生后是完全“无序”的，他们没有吃喝拉撒的规律，也没有白天夜晚的概念，睡觉、吃奶、玩耍、排泄……这一切都是依照本能进行的。随着慢慢长大，婴儿与父母建立关系后开始认识和体验父母的有序生活，并慢慢建立起自己的秩序感。

心理故事

2 岁的宝宝一看到妈妈把她小床上的毛毛熊拿走，就会大哭不止，并提出抗议，要求把毛毛熊放回原位。如果妈妈照做了，她会转怒为喜；反之，会哭闹不止，表达自己的强烈不满。

起初，妈妈不理解孩子的想法，一度认为孩子很难哄。后来，她询问育儿专家，才明白了其中的原委。原来，孩子从小就渴望从“秩序感”中获得心理认同，以及某种特定的安全感。与父母通常的理解不同，帮助孩子获得“秩序感”不会带来被管束的痛苦，反而有助于孩子从中获得快乐。

看到孩子因为“秩序错乱”而不高兴、发脾气，妈妈反而很高兴。于是，她开始主动帮孩子建立秩序感。比如，吃完饭后把小碗和小勺子洗干净，然后放在一起；洗手后把香皂放在香皂盒里，做到物归原位。毫无疑问，孩子很早就学会主动维持特定的生活秩序了。

心理指南

有些父母可能过于心疼孩子，认为“秩序”会让孩子受苦，因此孩子小的时候不忍心去给他们树规矩、立榜样，觉得等孩子大一些了，自然而然会形成较好的“秩序感”。这种想法和认知是非常错误的。

此外，“秩序感”的建立是一个循序渐进的过程，而并非随着年龄增长就会自然形成。一些秩序感差的成人，尽管年龄早已经成熟了，但柜子、房间、办公桌乱七八糟的，这就是儿童时期没能形成良好“秩序感”的后遗症。

如果你不想让自己的孩子成为一个生活乱糟糟的人，就要从小开始培养他们的“秩序感”。

（1）为孩子提供一个井然有序的环境。

一个一直生活在干净、整齐、有秩序环境中的孩子，会自然而然地受环境的影响，从而形成较好的秩序感，养成什么东西放在什么地方的好习惯。反之，则会缺乏秩序感。千万不要以为孩子还小，能知道什么，孩子的玩具那么多，又爱乱丢乱放，怎么可能会天天有秩序呢？再说，收拾好了又立马乱了，收拾不收拾好像没多大差别。

秩序感的形成是潜移默化的，所以最好不要偷懒，父母固定时间起床、睡觉、洗漱，干净整洁的家庭环境，这都有利于孩子形成良好的秩序感，父母们一定要持之以恒，坚持就是胜利，三天打鱼两天晒网是难以达到好的教育效果的。

（2）破坏孩子秩序感的“禁忌”。

0–3 岁是儿童的“秩序感”敏感期，在这一时期，孩子对于秩序会非常敏感，因此不要过于频繁地更换生活环境以及照看人，否则孩子刚适应了这样一种秩序，结果换一个环境或者照看人后，已建立起来的“秩序感”又会被打乱，需要建立起新的“秩序感”，过于频繁的“变动”会让孩子的秩序感变得混乱不堪，也会影响其安全感的建立。

另外，一些生活上的小细节也会导致“秩序感”的破坏，如对一些物品有特定的摆放要求，不许改变，在做某件事情时有一定的程序，拒绝次序上的任何变化，对于这些现象，父母一定要给予满足，保护孩子的“秩序感”。

（3）“秩序感”的日常训练。

著名教育专家蒙台梭利认为：如果父母没给孩子提供一个有序的环境，孩子就会缺乏建立起各种关系的直觉，孩子的智能也就无从建构。实际上，孩子“秩序感”的建立并不复杂，父母坚持有序的摆放家庭中的日常用品，每次使用后都及时归位，尤其是孩子的用品，另外可以通过让孩子自己收拾玩具、个人用品，公共场合引导孩子做事要排队，遵守公共规则等来提升“秩序感”。

孩子过度膨胀，家长怎么办

心理知识

生活中，许多父母热衷赞扬孩子，给予正面的鼓励；然而，过多的赞扬很可能让孩子变得自大、过度膨胀，甚至陷入“自负偏执”的泥潭。

如果你总是在持续不断地向孩子灌输他有多棒、多么优秀等想法，那么他很可能对自己产生过高的期望，一旦这种期望值与个人能力不匹配，就容易产生自大的行为，引起心理上的骄横和视野上的狭隘。

心理故事

小艾是独生女，在家里是父母的掌上明珠；在学校里，她不仅学习成绩优秀，而且能歌善舞，很受老师和同学欢迎。不过，最近小艾和同学的关系越来越糟，因为父母和老师的夸奖让她有点自命不凡，连说话也十分狂妄。

同学无意中说吴晓娜很聪明，连数学附加题都能做出来。小艾听了很不服气，专门在背后说吴晓娜根本就不聪明。

赵丹成绩一般，有一次课间拿着习题专门向小艾请教。不料，小艾随口说道，“你简直太笨了，这么简单的题都不会。”为了显示自己不一般，她时常凭借成绩好蔑视、嘲笑同学。

王凯在班干部竞选中获胜，成为班长，落选的小艾回到家嚎啕大哭，一边哭一边理直气壮地发泄道：“除了我，谁也没能力当班长，凭什么都选王凯不选我？”

……

时间一长，同学们都不喜欢小艾趾高气昂的样子，纷纷敬而远之。如此骄傲的小艾怎能忍受别人的冷淡，因此时常与同学发生争吵和摩擦，而且丝毫没有认识到自己的错误。

心理指南

孩子自大、过度膨胀时，会高估自己的能力，还会看不起别人。他们始终活在自己的世界里，与外界隔着一道“隐形”墙，这对孩子的性格和未来发展十分不利。

那么，孩子过度膨胀、自大，父母怎样帮助孩子进行矫正呢？

（1）对孩子进行挫折教育。

过度膨胀、骄傲自满的孩子往往看不到自己的不足，也看不到别人的优点，总觉得自己比任何人都强，挫折教育能让孩子立竿见影地认识到自己的不足。如果孩子在生活中遇到的挫折少，父母可以人为地设置挫折教育机会，并在此过程中引导孩子看到“天外有天，人外有人”，认识到自己的缺点和不足。挫折教育在培养孩子抗挫能力的同时，还能扭转他们过度膨胀的性格发展趋势。

（2）给孩子提出更高的要求。

自我过度膨胀的孩子大多是同龄人中的佼佼者，他们能力比较强，各方面也比一般孩子优秀，这也正是他们骄傲自大情绪产生的重要因素。所以，我们不妨给这样的孩子提出一些更高的要求，增加任务难度，让他们感到自己能力不足，需要寻求他人的指导和帮助。如此一来，孩子的自大、骄傲程度就会得到明显改善，同时团体合作意识也会得到培养和训练。

第04章
儿童习惯心理学
责备和处罚无法有效抑制坏习惯

儿童生来具有各种本能和反射，能在环境中形成多种多样的习惯，从而影响未来的人生。孩子从小养成良好的习惯，才能正确做事，成为讲礼貌、守规矩、有时间观念的小楷模。

父母做什么，孩子就做什么

心理知识

父母不仅要满足孩子的生活需要，更重要的是做孩子的榜样。也就是说，父母对孩子的启蒙，最重要的不是告诉她应该做什么、不应该做什么。

道理很简单，孩子的生活经验很少，对父母的话往往难以理解，所谓“润物细无声”，对孩子最直接最有效的教育方法就是用言行来影响，即我们常说的“言传身教”。

心理故事

许晴已经是一个七岁女儿的妈妈了，由于昨夜加班，她今天早晨想多睡一会儿。朦胧之中，许晴听到丈夫在督促女儿起床上学。女儿从床上爬起来，一睁眼就看见妈妈还在睡觉，于是极不情愿地喊起来：“妈妈怎么不起床呀，为什么让我起呀？”

爸爸只好在一边解释:“妈妈昨天晚上加班了,需要多休息一会儿！”但是女儿根本不买账,始终忿忿不平。许晴躺在床上,不禁猛然醒悟过来:“如果父母都做不到的事情，怎么要求孩子做到呢！看来，我应该改变一下教育孩子的做法。”

于是，许晴迅速穿好衣服，开始洗漱。女儿看到妈妈起床了，也开始穿衣服，顺从地准备好一切上学去了。最令人吃惊的是，孩子再也没有出现往常吃饭、洗脸磨磨蹭蹭的现象，许晴终于明白了“言传身教”的深刻含义。在以后的日子里，凡是要求孩子做到的事情，许晴总是自己先做到，同时也这样要求丈夫。结果，女儿居然改掉了许多原来的坏习惯。

心理指南

在家庭教育中，父母要有手把手教的精神，用自己的言行深刻影响孩子幼小的内心世界，才能让孩子早日成材。

现代社会中，许多人注重让孩子接受良好的学校教育，这固然重要，但是家庭教育的缺失，父母角色的缺位，给孩子成长带来了难以估量的不良影响。生活中，一些父母凭借手中雄厚的金钱实力，把儿女送进贵族学校，似乎一切都可以放心了，其实这种做法并不能保证孩子在各个方面取得长足进步。

父母必须明确，良好的家庭教育、父母的言传身教是任何东西都不能代替的，孩子良好性格的培养更离不开家庭的熏陶。

在家庭教育中，妈妈的说话方式、做事方法会对孩子成长产生重要影响。孩子良好习惯的养成，有赖于家长言传身教，因此父母平时应该反省自己的言行，以正确的姿态行使家庭教育的权利和义务。一个通俗的说法是，有什么样的妈妈就会造就什么样的孩子。一般来说，妈妈的个性对孩子的影响主要遵循下列模式：

（1）娇宠型的妈妈，孩子往往形成任性、反抗性、幼稚、神经质等特点。

（2）服从型的妈妈，孩子往往形成无责任心、不顺从、攻击性强、蛮横等特点。

（3）拒绝型的妈妈，孩子往往形成神经质、蛮横、恶作剧、冷淡等特点。

（4）保护型的妈妈，孩子往往形成幼稚、依赖、神经质、被动、怯懦等特点。

（5）民主型的妈妈，孩子往往形成独立、直率、乐于助人、亲切、善于社交等特点。

（6）忽视型的妈妈，孩子往往形成冷酷、攻击性强、情绪不稳定、富有创造性等特点。

（7）专制型的妈妈，孩子往往形成依赖性、情绪不稳定、以自我为中心、胆大等特点。

（8）支配型的妈妈，孩子往往形成服从、无自发性、消极、依赖、温和等特点。

在家庭里，父母要懂得根据孩子的成长阶段对自己的言行做出相应调整。当然，最重要的是给孩子提供民主的空间，让他们的个性得到健康、自由、全面、创造性的发展。家庭不仅是孩子避风的港湾，更是孩子走向成熟、迈向社会的起点，只有走出坚实的第一步，孩子才能在将来发展中脱颖而出。

需要注意的是，父母双方都要负担养育孩子的责任，不要搞严格的“性别分工”。孩子的心理成长、习惯形成，需要来自父母双方的努力。如果孩子对父母“一边倒”，那么爸爸妈妈对孩子的影响就会失去平衡，容易对孩子的健全带来消极影响。所以，父母在教育孩子的问题上要经常交流、互相协调和配合。

从小培养孩子的自理能力

心理知识

孩子到了一定年龄，都渴望独立做事。此时，父母应该积极引导孩子养成生活自理的习惯，并尝试着做力所能及的事情。反之，如果凡事都大包大揽，会抹杀孩子做事的积极性，也会丧失养成独立做事的良好时机。

培养孩子独立自主的人格，除了让孩子在思想上有主见外，更要让他们在生活中具备自理能力。当孩子具备较强的自理能力时，就能学会分析身边的事物，遇到事情的时候进行科学分析、判断，得出正确结论。

心理故事

阳阳是一个非常聪明的孩子，9 月就要进入幼儿园的中班了。这一天，老师打来电话说阳阳的自理能力很差，希望家长能够改进一下教育孩子的方式。为了能够更好地教育孩子，阳阳的妈妈决定和老师认真沟通一下。

老师说："孩子非常伶俐，很多事情只教一遍便学会了，只是生活上的自理能力很弱，问题应该出在家庭教育上。"阳阳的妈妈回想一下，觉得老师说得很对，平日里家人对阳阳的照顾太多了，很多事情都会帮助孩子处理。现在孩子已经 4 岁了，依然不会自己穿衣服、吃饭、洗漱，看来的确需要改进一下教育孩子的方式了。

后来，当阳阳不小心摔倒时，妈妈不再紧张地跑过去扶起他；当阳阳喊着让妈妈喂饭时，妈妈只是将勺子递给他，并鼓励他自己吃饭；睡觉前，妈妈不再帮着阳阳洗漱了，而是催他独自洗漱。

尽管一开始时阳阳很不情愿，但是在妈妈的坚持和鼓励下，他逐渐养成了独立洗漱、独立穿衣、独立叠被子的习惯。看着聪明能干的阳阳，妈妈会心地笑了。

心理指南

父母应该根据孩子的年龄特点来培养他们的自理能力，因为孩子在不同的年龄段都有不同的活动特征。具体来说，要遵循“从易到难，从简到繁”的基本原则。比如，对 3 岁的孩子，可以训练他们自我服务的本领，包括吃饭、洗手、刷牙等；对 4 岁孩子，则可以让他们学习叠被子、整理床铺等；对 5、6 岁的孩子，则要求他们能够自己穿衣服、脱衣服，自己洗脸、洗手，并可以从事扫地、浇花等一些简单的家务劳动。

作为父母，最高兴的事就是看到孩子一天天长大，一天比一天懂事。当孩子具备自理能力，自己的事情自己做的时候，父母不仅感到孩子可以替自己分忧了，更为他们的成长和进步感到欣慰。对那些习惯用双翼把儿女揽在怀里的父母来说，如果总是舍不得让孩子受一点儿委屈，经一点儿风雨，凡事都要包办代替，最后会让孩子产生强烈的依赖心理。孩子缺乏自理能力，没接受过“磨难”教育，将会在日后成长中遭遇很多无法想象的困难。

所以，重视从小培养孩子的自理能力，才是对孩子负责的表现。孩子是教出来的，父母不必过低地估计孩子的独立能力，而要给孩子创造独立自主的环境。那些表面上疼爱孩子的父母，不给孩子自我训练的机会，实际上是在剥夺孩子自我发展的机会，造成他们的人格缺陷。孩子不能独立自主，就难以迈出人生坚实的步伐，这个后果，父母应该考虑清楚。

（1）针对幼儿独立性格的培养，父母要从认知、意志、自信心三个方面入手。在认知方面，要丰富孩子的知识面、培养孩子广泛的兴趣，让他们积极主动探索周围的世界。在意志方面，可以让孩子参加各种劳动，锻炼他们的坚持性、耐心、克服困难的能力等品质。在自信心方面，父母要注意为幼儿创造一个宽松和谐的环境，对他们多表扬、少批评。

通过上面的方法，一般能有效增强孩子的独立性。

（2）让孩子学会负责。一个人只有对自己、对别人负责，才能敢于面对眼前的挑战，并做出积极的努力。孩子来到这个世界以后，会不断观察父母的行为，以及身边的事物。这时候，父母要表现出应有的责任感，能够坚强面对生活中的困难，从而对孩子产生潜移默化的积极影响。当孩子学会负责，而不是推卸责任以后，他们就已经具备了独立自主的品质。

注重仪表的孩子最有教养

心理知识

掌握与人交往的基本礼仪，首先要让孩子站有站相，坐有坐相，努力成为一个受欢迎的人。道理很简单，一个人的外表，包括衣着、坐、立、行的姿势和言谈举止，可以反映出个人修养、禀性、文明和教育程度。因此，父母在家庭教育中首先要帮助孩子修炼自己的言行，这是懂礼节、有教养的基础。

有的孩子喜欢奇装异服，恰恰反映出他们在心理上渴望引起他人注意。如果过于特立独行，表明他们心理上缺乏安全感，或者在生活中遭受了挫折，需要引起父母的注意。

心理故事

刚懂事那年，琳琳的父母离婚了。单亲家庭的孩子总是让人觉得可怜，琳琳的妈妈想方设法弥补孩子，比如各种名牌衣服、名牌鞋子，琳琳都应有尽有。久而久之，孩子开始沉浸于富裕的物质生活中，每天都过得很惬意：头发脏了去理发店、肚子饿了叫外卖、衣服该洗了送洗衣店。

一个10岁的孩子，每天都把自己打扮得“个性十足”。今天一身乞丐服，再配上一个暴雨梨花头，十足的痞子劲头；明天一身黑白宽松套装，再来一个烟熏妆，简直是大熊猫的翻版。一时间，琳琳在班里出了名。

新来的班主任是一位50多岁的人，第一次看到琳琳“特立独行”的穿着，惊得下巴快掉了。最后，学校找来了琳琳的妈妈，要求她配合学校的管理，别再给孩子买一些太过张扬的服装，衣着要适合孩子的身份。看着穿得花里胡哨的琳琳，再看看旁边一个个衣着朴实大方的同学们，琳琳的妈妈也觉得有些不合适了。

心理指南

父母可以询问孩子：喜欢和什么样的人打交道？如果一个人打扮得怪里怪气，交腿斜靠马路边，说话时歪着膀子，你愿意和他（她）交朋友吗？估计孩子一定作出否定的回答，因为不喜欢和这样的人往来，这是人们的普遍心理。接下来，父母要告诉孩子应该注意自己的仪表，才能成为受欢迎的人。

具体来说，孩子在保持个人良好的仪表方面需要注意下面几点：

（1）保持良好的站姿、坐姿和走路姿势。

体育老师常要求人们要“坐如钟，站如松”，是很有道理的。“坐如钟”就是坐得正，上身要自然挺直、挺胸、两肩放松，大腿和小腿基本成直角，脚平放地上，使上身重心落在臀部，犹如巨钟端坐之势。看人的时候，要把头稍微抬起；看书的时候，眼睛与书本的视线要成直角。这样的形体姿势显得端庄、大方、自然、舒适。不但看起来美，而且对孩子的身体发育也非常有益。生活中，有的孩子坐、卧的时候歪七扭八，时间长了容易驼背，甚至形成近视，影响心脏和肺脏的功能。

站立的时候，身体要像挺拔的青松一样，把重心放在两只脚上，头要正，颈要直，挺胸收腹不斜肩，两臂自然下垂，臀部不向后翘，从头到脚成一条线，两眼平视。走路的时候，要保持正确的站立姿势，注意挺胸、收腹、梗颈，保持躯体笔直，挺胸腰正，下肢摆动要协调，做到步伐稳健、轻松自如。

（2）注意自己的容貌、穿着打扮等，给人留下好印象。

孩子充满朝气，应该给人精神饱满的感觉，可以通过加强体育运动保持活力，注意调节饮食。当然，孩子的面貌还离不开良好的心理状态。孩子如果总是闷闷不乐、心胸不开阔，就很容易把不开心写在脸上，无形中会把这种不良情绪带给他人。

在穿着打扮上，父母要让孩子注意衣着符合自身特点。具体来说，要给人以美观、整洁、得体、协调、舒服的感觉。当然，选择服装应因人而异。一般来说，第一步要考虑它的颜色、款式和本人的气质、性格、肤色是否协调。此外，还要遵守某种约定俗成的规范或原则，注意客观环境、场合对人的着装要求。

良好的礼仪是孩子一生的财富

心理知识

孩子与人打交道，不能仅仅凭借个人喜好和感受，还要懂得与人交往的基本礼仪，才能成为受人欢迎的好孩子。并且，孩子从小学会文明礼貌，能有效规范自己的日常行为，通过不断提升个人修养为日后发展打开新天地。

许多父母经常抱怨，孩子调皮捣蛋，有时候甚至是“人来疯”。特别是在一些关键场合，孩子不守规矩，没有礼貌的行为让人很头疼。孩子缺乏应有的礼仪和教养，从心理上分析是因为没有秩序感，不懂得尊重身边的人。

心理故事

王华已经上小学 4 年级了，平时家里没有客人的时候，他是一个比较听话的孩子。但是，一旦家里来了客人，他就像有了保护神似的，开始放肆起来。比如，王华会在客人面前向父母索要玩具，提出种种过分的要求；家长当着客人的面，不好意思管教孩子，只能任由他“胡作非为”。

不可否认，孩子调皮一些，无可厚非；但是，如果孩子不分场合乱来，就值得注意了，而如果不对孩子加以引导，让他们遵守一定规矩，日后管教起来会更麻烦。比如，孩子随便打断别人说话、在别人休息的时候大吵大闹、在长辈面前称呼不当等，都不能用顽皮来解释。对这些情形，父母必须引导他们掌握相应的社交礼仪。

心理指南

美国成功学家马尔登说过：“文明的举止，还有这背后所蕴藏的对人的体谅、关心，是我们人生的一笔巨大财富。”良好的礼仪会让孩子成为一个有教养的人，而这种修养的价值怎么强调都不过分。

孩子缺乏教养，不懂礼貌、礼仪，即使有胆量也会带有野蛮的色彩，即使有学问也会显得无知，即使有聪明才智也会看起来滑稽，即使率直也会变成粗俗……是啊，人们都喜欢和懂礼貌的人交往，当孩子以良好的举止、得体的言行与人相处时，他们就打开了通向成功的大门。

比如，在学校中，孩子懂得遵守同学之间交往的礼仪，就能帮助他们与人和谐相处，在融洽的校园、班级环境中生活好、学习好，健康成长。一般来说，同学之间的交往礼仪包括：

（1）同学之间的日常相处要诚恳谦虚，相互尊重。具体来说，同学之间讲话时要采用恰当的语言，语调要平和适度。比如，同学间可以彼此直呼对方的名字，但是不能用“喂”、“哎”等不礼貌用语称呼对方。而当有求于同学时，则要使用“请”、“谢谢”、“麻烦你”等礼貌用语。而在男女同学之间，男同学应该主动关心、照顾女同学。

（2）同学之间忌讳打听对方的隐私。孩子往往认为，大家既然是朋友，就应该无话不谈，但是任何人都有自己的秘密。特别是与那些不太熟悉的同学，更要保持适当的距离，才能做到彼此融洽相处。至于私自翻阅同学的日记或私拆私藏别人的信件，则更不允许。

（3）同学之间应该互相帮助。当同学遭遇挫折、失败，甚至是不幸时，要积极主动进行问候，并给予帮助。有的孩子之所以不能和同学搞好关系，就是因为好胜心太强。比如同学在学习上暂时落后时，嘲笑、冷笑、歧视对方，这种做法无疑会让双方彼此敌视。

无论在学校、家庭，还是将来走向社会，与人正常交往的道理都是一样的。作为父母，应该在家庭教育中帮助孩子掌握与人交往的一般原则，学习基本的礼仪。懂礼貌、有教养，孩子做到这一点，实际上就已经成功了一半。

拖延症源于“思维惰性”

心理知识

懒惰是人性的组成部分，在潜意识深处，人都是好逸恶劳的，表现在现实生活中就成了各种各样的拖延症，未成年的孩子也不例外。

从心理学角度来讲，拖延往往会让人为此背上沉重的心理负担：悔恨、愧疚、压力、烦躁、不安……这些消极情绪会让孩子做事缺乏效率，养成懒散的习惯。

心理故事

我们都听说过《寒号鸟》的故事，它在阳光明媚的日子里卖弄歌喉，而其它鸟儿则辛勤劳动，搭建自己的屋子。当有人劝它准备过冬的住所时，它还当作耳旁风。在经受了夜间暂时的寒冷后，寒号鸟没有吸取教训，仍然拖延。结果在日复一日的等待中，冬天到来了。当别的鸟儿们晚上在暖和的窝里休息时，寒号鸟却在寒风里瑟瑟发抖，最后冻死了。

许多孩子像寒号鸟一样，本来周末就应该写完的作业，结果拖着没写，周一早晨四五点钟起来狂补；早就喊着要出去玩，可是一坐到游戏机前就粘在椅子上了。如果不消除“思维惰性”，不改变拖延的习惯，孩子注定会失去未来。

心理指南

美国哈佛大学人才学家哈里克指出：“世上有93%的人都因拖延的陋习而一事无成，这是因为拖延能杀伤人的积极性。”在人的整个生命过程中，拖延的危害远远大于一次重大失误，它会损耗孩子的理想和斗志，最后使整个人生质量大打折扣。

青春年华，时光宝贵。做事拖延的习惯会阻碍孩子走向成功，乃至最后一事无成。在生活中，孩子不能为自己找各种借口、受各种诱惑吸引，而失去了行动的最佳时机。

正如加利福尼亚大学伯克利分校，一位参加拖延治疗的学生说：“拖延就像蒲公英。你把它拔掉，以为它不会再长出来了，但实际上它的根埋藏得很深，很快又长出来了。”为什么“拖延”难以连根拔除呢?

一方面，逃避心理与行为拖延是一对双生花，当孩子面对难题、学习困难、挫折时，会产生逃避心理，这促使他们通过“拖延”得以获得一定的喘息，尽管事后要付出更大的代价，饱受负罪感、愧疚、悔恨等情绪的折磨。

为此，父母要引导孩子学会面对事实和困难，鼓励他们不当逃兵。当孩子有勇气面对一切未知和即将到来的困难时，因“逃避”而滋生的拖延就会失去成长的土壤。

另一方面，孩子始终都会受到外界的“诱惑”，比如好玩的游戏机、好吃的零食、有趣的玩具……并不是每个孩子都具备超强的“抵制诱惑”的自控力。

为此，父母要帮助孩子免受各种诱惑的干扰，安排好作息时间，在固定的时间内做好该做的事。在家里，父母要扮演好监督者的角色，管理好孩子的时间，就能有效避免“不务正业”的情况发生。

如何养成爱思考的好习惯

心理知识

孩子不喜欢独立思考问题，在很大程度上源于父母大包大揽，习惯替孩子做决定。一旦养成这个习惯，孩子就会干脆放弃积极主动思考问题的念头，遇事不会理性、全面分析，成为思维迟钝的人。

人云亦云的孩子不会有出息，父母应该把握孩子渴望自己拿主意的心理需求，引导他们学会正确思考问题、理性分析问题，从而在生活中培养独立解决问题的能力。

心理故事

毛毛胆子很小，做事没有主见，总是人云亦云。这一天，几个小伙伴一起堆沙堡。毛毛想堆一个大馒头，可是还没动手，就被亮亮阻止了。亮亮想堆一个城堡，毛毛听到这里，立即放弃了原来的想法。

孩子养成爱思考的习惯，说话办事才会更有主见，否则凡事听从他人的安排，无法有效表达内心的真实想法，会失去创造力与活力。

有一天，妈妈带着明明买衣服。他们走进多个店铺，反复试穿了各种衣服，但是妈妈都觉得不好看。时间不早了，妈妈索性随意买了一件，尽管明明不喜欢这件衣服，但是仍然选择默不作声。原来，他从小对父母言听计从，不敢轻易表达内心的真实想法。

心理指南

美国式教育非常推崇孩子独立思考能力的培养。在他们看来，没有独立思考能力的孩子不具备独立性，会成为父母和国家的负担。

生活中，父母为孩子做得太多了。时间长了，孩子就会失去思考的能力，变成一群任人摆布的小木偶。面对这样“人云亦云”的孩子，父母应该怎么做呢？改变孩子懒于思考的毛病，让他们学会独立思考，充分表达内心的声音，应该做好以下几点：

（1）营造民主的家庭氛围。

在家庭教育中，许多父母习惯说一不二。在这样的家庭氛围熏陶下，孩子没有足够的自由，思想受到他人摆布，唯命是从，缺少主见，很容易养成人云亦云的习惯。

优秀的父母懂得尊重孩子，给孩子足够的独立空间。为了培养孩子独立思考的能力，我们要营造民主的家庭氛围，学会一家人商量解决问题，充分理解孩子的想法和观念，让他们自由发表看法。这样才能培养出思想独立、主观意识强烈的孩子。

（2）在交流中放低姿态，与孩子平等地沟通。

亲子沟通是平等的，是双向的。与孩子对话的时候，父母首先要放低姿态，尽可能地消除孩子心中的顾虑，选择恰当的方式与孩子交流。

具体来说，父母要根据孩子的行为、心理变化，巧妙地转变沟通的方式，想方设法弄清楚孩子的真实想法，鼓励他们把内心话说出来。

（3）不要试图训练听话的孩子。

孩子太听话不是好事，因为缺乏主见的孩子无法在人际沟通中掌握主动权，会随时陷入被动局面。

“不听话就不是好孩子”，这种观念已经过时了。孩子处处听从他人安排，缺乏独立的思想，处处依赖他人，很容易任由他人摆布，对其成长极为不利。

你的孩子有时间观念吗

心理知识

时间是最无情的，从来不给任何人第二次机会，过去了就永远不会再回来。观察一下孩子是不是有很强的时间观念，审视一下家庭教育有没有着重培养孩子的惜时习惯。如果您的孩子没有良好的时间观念，从现在开始就要着力培养。

“一寸光阴一寸金，寸金难买寸光阴。”时间观念强的孩子，他们的智商和情商往往发展得比较成熟，更容易养成良好的生活习惯、树立强大的自信心、掌握良好的社交能力，在生活和学习中成为一个高效能的人。

心理故事

小彤是一个非常有时间观念的孩子，周围的邻居都羡慕小彤妈妈培养出了这样一个好女儿，于是便纷纷向她取经。小彤的妈妈也很坦白，将自己的育儿心得一五一十地与邻居们分享。

原来，小彤的妈妈本身就是一个非常有时间观念的人，做什么事情都提前计划好，从不“胡子眉毛一起抓”。小彤刚出生不久，妈妈就制订了计划：定时哺乳、定时哄孩子睡觉、定时叫醒孩子、定时给孩子放音乐、定时带孩子出去晒太阳……

此外，妈妈从来都不会因为孩子哭闹就喂奶。只要时间没有到，无论孩子怎么折腾，她都不会让孩子进食。为此，小彤的奶奶甚至有些不高兴，这么小的孩子什么也不懂，给她立这些规矩没有任何意义。而小彤的妈妈却不以为然，坚持按照自己的方式养育孩子。

事实证明，小彤妈妈是对的。习惯成自然，小彤从小就在按时间表生活，到什么时间做什么事情，渐渐地，孩子便有了强烈的时间观念。在这个习惯的作用下，彤彤任何方面都表现得比常人优秀。

心理指南

父母作为孩子的第一启蒙老师，在要求孩子珍惜时间的同时，一定要以身作则，养成高效做事的习惯。此外，还要根据孩子的年龄特点帮助他们养成惜时、守时的习惯。

（1）根据年龄段培养时间观念。

对于刚出生的婴儿，父母要在固定时间喂奶、给孩子讲故事，这些行为都有利于培养孩子的时间观念。对于学龄前儿童，可以从最初起的数数过渡到后期了解时间术语，不知不觉中提升他们的时间观念。

（2）加强孩子对零碎时间的利用率。

“妈妈，我就看一会儿电视”“妈妈，我再睡一会儿”……孩子总是喜欢磨磨蹭蹭。对此，父母应立即予以纠正，千万不要忽视每一分每一秒，也要坚决拒绝孩子浪费一分一秒。小习惯决定大人生，从小帮助孩子养成珍惜时间的习惯，长大了才能拥有成功的人生。

（3）制订家庭生活作息时间表。

制订时间表一定要结合实际生活。比如，父母每天八点上班，那么就必须在八点之前整理好一切。为此，可以这样安排时间——六点半起床，妈妈洗漱，然后准备早餐；爸爸帮助孩子起床、整理被褥，然后洗漱；六点五十五分用早餐；七点半准时离家，送孩子上学。这样一来，孩子才能做事有规矩，树立良好的时间观念。

第05章
儿童性格心理学
正面管教的理念与方法

“每个瞬间，你看到孩子，也就看到了自己；你教育孩子，也在教育自己并检验自己的人格。”培养孩子独立、感恩、负责等优秀品格，是父母的重要职责，也是孩子必备的成功品质。

培养孩子独立自主的人格

心理知识

孩子不是父母手中的小木偶，他们是独立的个体，他们有自己的思想和喜好。面对各种问题时，孩子有权利自己做出决定，父母不能将自己的想法和喜好强行加到孩子身上。

父母朋友们应该懂得尊重孩子的意愿和心理需求，在生活中引导孩子自己做决定，让孩子有自主抉择的权利，让他们按照自己的思想选择人生道路。

心理故事

力力的父母拥有海外留学、工作经历，所以在教育孩子这件事上比较民主，特别注重培养孩子独立思考、独立决策的性格。

“在力力很小的时候，我和力力爸就有意识地让孩子自己做决策，吃什么饭、穿什么衣服、读哪所学校、暑假去哪里旅行……这些生活中的事情，我都让孩子独立思考、提出想法、做出决定。”力力的妈妈在谈到自己的教育经验时，这样说道。

不少孩子往往采用“哭闹”“赖皮”等办法达到自己的目的，比如想要一个玩具，就硬缠着父母，父母实在不耐烦了自然就会做出妥协。不过，力力很小就知道，这个办法对自己来说根本行不通，父母绝对不会买账。

不管提什么要求，父母都会让力力做一个小小的“演讲”，只有理由够充分，有道理，就会点头答应。所以，力力想要变形金刚的时候，仅仅和父母说“想要变形金刚”是不行的，需要苦思冥想，怎样才能说服父母给自己买。

心理指南

在教育孩子的时候，让他们尽早确立自我意识、自主精神，对日后成长是非常重要的。道理很简单，家庭的港湾固然可靠，父母的呵护固然温暖，但是孩子终究要独自面对生活中的一切。

让孩子有主见是独立、自主的前提。所以，父母不能因为孩子年纪小就不尊重他们，更不能忽视孩子的意见和心理需求。

许多家庭都存在这种情况——父母独断专行，孩子有什么想法也不敢说出来。久而久之，孩子变得畏首畏尾、缺乏主见。在这里，父母需要改变自己教育孩子的方式，增加民主的气氛。只有让孩子敞开心扉、自由表达，才能让他们独立思考、成为有主见的人，而不是父母的跟屁虫。

父母不给孩子自主表达、自主做事的机会，从小的方面说，是感情用事、迷信权威的做法；从大的方面说，则是缺乏眼光的表现。父母应该明白这样一个道理：在任何情况下都应该让孩子自由自在地成长，这才是父母情深的表现，也是家庭教育必须遵循的一个基本原则。

事实上，孩子就像一片洁白的布，在家庭中会不知不觉地染上色彩。父母的教诲、言行都会被孩子模仿。因此，父母尊重孩子，给孩子自由表达、展示自我的机会，孩子也会尊重父母，从而在民主的家庭气氛中成为独立自主的人。

对父母来说，想要让孩子独立思考、大胆发表自己的观点，成为有主见的人，必须注意下面两点：

（1）要从一点一滴做起，给孩子提供表达的机会。孩子想发表意见时，不管觉得这种观点多么天真，甚至是可笑，父母都要耐心、认真听完，并在适当的时候给予必要的反馈意见。当孩子的看法正确时，父母应该提出表扬，看法错误时，应该给孩子讲清楚，而不能横加指责。

（2）孩子发表意见时，父母要对孩子的问题表现出浓厚兴趣，不能显示出不关心的样子。这样一来，才能激发孩子的热情，让他们充分展示自己的“才华”。此外，父母对孩子的问题要认真地回答，还要适当加以引导，让孩子学会思考某些问题。

缺乏爱心的孩子不可爱

心理知识

亲子和睦、关心家人，是家庭幸福的基础。中国传统社会重视爱与亲情，认为亲属之间的爱是最基本的。“老吾老以及人之老，幼吾幼以及人之幼”，一个人只有爱家人，才能做到爱他人。

爱是需要学习的，父母可以在公交车上给老人让座、帮老人提重物，给孩子做出示范；也可以和孩子一起养小动物，激发他们的爱心。随着时间推移，孩子眼中将会充满爱的阳光。

心理故事

周末，妈妈和小轩在家休息。忽然，妈妈感觉胃里一阵难受，接着就跑到厕所呕吐起来。那种感觉简直让人难以忍受，妈妈的心情糟糕透了。

看到这种情形，小轩居然学着妈妈的样子一阵狂叫，似乎还在为自己的模仿洋洋得意。身心疲惫的妈妈简直气坏了，但是转念一想，孩子就是孩子，何必跟他计较呢？于是，妈妈让小轩到另一个屋子里自己玩，准备休息一下。

但是，小轩根本不听话，一个人在屋子里上窜下跳。妈妈本来想躺在床上休息一会儿，小明轩却让妈妈帮他做这做那，一刻也无法安静下来。

妈妈最后实在忍不下去了，就对小轩说："轩轩，妈妈现在身体很不舒服，你应该关心一下妈妈，问一下妈妈怎么了，哪里不舒服，这样才是好孩子。还有，妈妈不能陪你，你自己安静一会儿好吗？"

然而，小轩根本无动于衷，仍旧我行我素。妈妈看着眼前的孩子，心里真不是滋味：为什么孩子这么不懂事，对最亲爱的人都不关心呢，连起码的爱心都没有。

心理指南

生活中，父母对孩子可以说给予了无微不至的爱护，而且这种爱是不求回报的，是父母的一种本能。坦率地说，父母不求孩子如何报答自己，但是当自己遇到麻烦、身体不舒服的时候，却渴望孩子能多些体贴和关爱，这是一种人之常情。

一旦看到孩子对自己漠不关心，对其他家人也很冷漠，父母往往会为孩子缺乏爱心而苦恼。缺乏爱心的人往往没有责任感，而缺乏爱心的孩子不可爱。

从小培养孩子的爱心，让他们从小懂得关爱家人、帮助他人，很有必要。人和人之间需要相互帮助、支持，才能实现自己的目标。

（1）了解对方的内心，才能给予关爱、照顾。父母要引导孩子学会站在对方的立场考虑问题，了解对方的心理需求，这样才能给别人爱护。有这样一则寓言故事，一把坚实的大锁挂在大门上，一根铁杆费了九牛二虎之力都无法把它撬开；后来身子瘦小的钥匙来了，它钻进锁孔轻轻一转，就把大锁打开了。铁杆对钥匙说："你的力气没我大，你怎么能轻易打开它呢？"钥匙回答说："因为我最了解他的心。"只有了解对方的内心，才能给予关怀和帮助。

（2）父母要做一个有爱心的人，给孩子树立榜样。榜样的力量是无穷的，父母经常帮助别人，给予他人照顾，孩子就能看见你对别人的“痛苦和希望”表现出来的关心，并在日后生活中清楚自己该怎么做。比如，父母之间要相互恩爱、体贴，在餐桌上给孩子夹菜的同时，也不忘给爱人夹一筷；外出购物给孩子买玩具的时候，也不忘和孩子商量给爸爸或妈妈买什么礼物。

（3）让孩子远离暴力活动。经验表明，孩子如果经常接受残酷的、令人堕落的画面、事情，就会使内心的美好愿望遭到侵蚀，降低对世界的美好想象，自己的爱心也会遭到损毁。比如，父母经常吵架，孩子观看充满暴力的动画片、小说，孩子经常打架，都不利于培养他们的爱心。

谁说内向的孩子不能成功

心理知识

心理学研究发现，内向型性格的人在独处时能够焕发活力、精力充沛、效率超群，而与他人在一起，哪怕不怎么说话也会消耗大量能量。事实上，有非常多的杰出人物都是性格内向者，尤其在科学界、技术界、艺术界等比例更高。

在人们的印象中，内向的孩子不接触新鲜事物，缺少挑战的勇气。这种理解有失偏颇，对内向的孩子来说，他们接触新鲜事物的时候会再三考虑，在确定没有危险的时候才会探索，这是一种可贵的理性思维。

心理故事

飞飞从小身体就不好，性格比较内向、害羞，在班里经常被其他孩子欺负。于是，父母告诉他别跟同学玩闹，每天上学、放学都独来独往。

虽然飞飞所在的社区有很多小朋友，但是父母觉得孩子还小，身体又弱，担心社区里的其他小朋友带着飞飞闯祸，所以不放心让他出去玩。因此，飞飞只能在家里摆弄玩具，或者缩在沙发里看书。

到了小学3年级，飞飞渴望交朋友，很羡慕别的小朋友能开心地一起玩儿。他问妈妈："为什么我没有好朋友？"妈妈觉得飞飞已经长大了，不应该整天待在屋子里，于是鼓励他到楼下与小朋友玩。

过了一段时间，飞飞交了几个朋友，变得开朗多了，而且饭量大增。不过，与同龄人相比，他更喜欢一个人待在屋子里看书，并且爱上了绘画。爸爸发现儿子很有绘画天赋，带他去培训班学习，结果绘画技艺突飞猛进，还在绘画比赛中多次获奖。

心理指南

心理学家卡梅隆·安德森和盖文·凯戴夫经过研究发现，言语表达出来更为自信的人并不一定有最好的主意，这完全是随机事件，与性格并没有过多的联系。性格内向、安静沉默的人当中同样也有天才，也有充满天赋的人。父母不仅不能训斥性格内向的孩子，还要学会与他们对话，了解他们的真实想法，鼓励他们发展自己的天分。

（1）不给内向孩子贴标签。

性格内向还是外向，并没有好坏之分。不要因为孩子内向就给他们施加压力，强迫他们必须走出去交际。父母应该坦然接受孩子内向的性格，用正常的眼光看待他们，这样做才有利于孩子健康成长。

（2）发现孩子的天赋。

每个孩子都有闪光点，都有未发现的潜能。观察孩子独处时都在做什么，是画漫画、看小说，还是打游戏，或者种花养宠物……从中发现孩子内向性格中的闪光点，对孩子的健康爱好予以肯定和努力，有助于获得孩子的心理认同，并发展他们的专长。

（3）鼓励孩子与外向者交友。

科学研究表明，最有效和快乐的小团队是内向与外向者组合起来的。我们可以多鼓励孩子与外向的同学交朋友，两种性格相互影响、带动，能够形成良好的性格互补，从而有利于孩子培养健康的性格。

傲慢的孩子不受人欢迎

心理知识

天地万物都有自己的运行规律，社会生活也离不开特定法则，其中长幼有序、相互尊重就是重要的一点。孩子来到这个世界上，成长和发展的过程都离不开与人打交道，因此父母要让孩子懂得尊重他人，避免傲慢无礼。

孩子生来并不懂得这个世界的规则，自由的天性本来是一种幸福和快乐，但是个人离不开社会生活，必须合作才能生存、创造和发展。而人与人之间交往最重要的是尊重，因此学会尊重他人，是孩子成长的需要，也是成熟的标志。

心理故事

3岁的丹丹原来在附近的幼儿园上学，和周围街坊的小朋友相处得很好，大家一起玩，建立了亲密的友谊。后来，妈妈为了让她接受更好的教育，就换了一个条件好点的学校。但是，丹丹好像换了一个人，对以前那些小朋友疏远起来。

有一天，丹丹和妈妈放学回家，来到楼下时恰好碰到隔壁的小雪。

小雪热情地走过来打招呼，然而丹丹就是不理对方。还有一次，其他几个小朋友追着丹丹玩，可是她摆出一副骄傲的样子，根本不把大家放在眼里，惹得大家很没趣。

后来，妈妈问丹丹为什么不跟别的小朋友玩，她说："我现在在幼儿园有了好朋友，而且他们穿的衣服更新，玩具也更好。"妈妈明白了，丹丹开始对朋友挑剔起来了，只喜欢和那些条件优越的孩子在一起，对以前的好朋友不感兴趣了。

妈妈接着问她："你和小雪等人以前就是好朋友啊，怎么能拒绝和他们玩呢！就算你不喜欢和他们在一起，见了面也要打个招呼呀，这样才有礼貌，才尊重别人啊。"丹丹对妈妈的话就是不听，表现出满不在乎的样子。

心理指南

相信许多父母都遇到过类似的情形，孩子接触了新朋友、新事物以后，就会产生一种喜新厌旧的心理，以为自己"高贵"起来，开始对先前的人和事挑剔起来，并表现出傲慢的态度。孩子以高低贵贱看待身边的事物，不懂得尊重他人，很容易让自己成为不受欢迎的人，失去朋友和伙伴。

一个人生活在这个世界上，离不开与他人接触，更离不开他人的合作。让孩子认识到与人合作的重要性，懂得如何与人打交道，首先要培养态度谦和的作风，学会尊重他人。尊重他人，不分长辈、同辈、晚辈，对各类人都给予敬重，尊重他们的感受，才能建立友好关系，与对方融洽相处。

对父母来说，最重要的是从小引导孩子尊重家人，学习各种礼仪，在与人打交道的过程中展示应有的修养。只有这样，他们才能成为受欢迎的人，打开与人交流的大门，获得成长和进步。

日本人懂礼貌举世闻名，这与他们从小接受的家庭教育有很大关系。在日本家庭里，孩子从小都要接受严格的礼节教育，在与人打交道的时候必须有礼貌、尊重人。起初，小孩子很容易发生失礼行为，但是父母只要发现孩子有失礼的地方，都会及时给予纠正。

一位留学人员这样回忆，有一个夏天的午后，他和一对日本夫妇正在喝茶，突然这家人的孩子兴冲冲地从外面跑回来，兴奋地把一张奖状递给父亲。这位留学人员以为孩子的父亲会很高兴，可是父亲却阴沉着脸说："伊藤君，你马上就要进入中学读书了，应该知道进门的时候说一声'我回来了'。无论遇到什么事，都应该这么做。"

只见伊藤低着头道歉说："对不起，我失礼了！"然后，他退到门外，大声喊了一声："我回来了！"接着，父母一起笑着应声道："你回来了！"最后，一家人才高兴地看奖状，交谈起来。

这件事情虽小，却足以说明日本家庭是十分重视礼仪教育的，让孩子从小学会尊重他人，实际上是给他们打开了一条与人建立良好关系的通道。礼多人不怪，掌握必要的礼仪规则，学会尊重他人，这样的人再怎么说也不会招人讨厌。反之，一个人妄自尊大、桀骜不逊，本事再大也难以被众人接受，又怎么能获取成功呢?

如何养育出有责任心的孩子

心理知识

"责任并不是一种由外部强加在人身上的义务，而是我需要对我所关心的事件做出反应。"正如美国心理学家弗洛姆所说，父母要引导孩子正确认识"责任"。不承担责任的背后，意味着孩子内心对什么都不在意，什么都可以舍弃，这样的孩子未来必然是孤独的，毕竟谁愿意和一个事事推诿的人交往呢？

心理故事

暑假快到了，小娜和妈妈商量，想去参加一个夏令营。妈妈问："多长时间？"小娜说需要一个月。听到这里，妈妈犹豫了。孩子才10岁，离开家一个月时间，怎么能照顾好自己？

小娜猜到了妈妈的疑虑，鼓起勇气说："妈妈，我不怕苦。一个月后，我就回来啦。"看着孩子坚定的信心，妈妈同意了，她希望孩子早日独立，锻炼一下也是好事。

接下来的一个月，妈妈很煎熬。她习惯了女儿在身边的日子，担心孩子吃不好。这次夏令营很特殊，期间家长不准打电话，也不能看望，每天的行程都安排好了。主办方希望，孩子在这种模式下能完全摆脱对父母的依赖心理，变得更独立。

一个月后，小娜回来了。看到孩子又黑又瘦，妈妈很心疼。但是，女儿冲着妈妈咧嘴一笑，精神很好，她绘声绘色地描述着夏令营的生活，一点儿也不后悔吃了那么多苦。妈妈意识到，孩子确实长大了，开始对自己的选择负责了。

心理指南

如果你不想让自己的孩子成为孤家寡人，如果你希望孩子对周围的一切表达关切，如果你渴望孩子成长为一个敢作敢当的人，那么从现在开始，请用心培养孩子的"责任心"和担当意识。

（1）父母要有责任、有担当。

教育家陶行知说："我要儿子自立立人，我自己就得自立立人。我要儿子自助助人，我自己就得自助助人。"如果想让孩子讲责任、有担当，父母首先要准时上班、做好本职工作，承担为人子女、为人父母的责任。父母有责任、有担当，这种言传身教的力量会潜移默化地让孩子也成为一个勇于担当的人。

（2）鼓励孩子承担责任。

有的父母对孩子太严厉，孩子一旦犯错就要面临惩罚，这样做反而不利于培养孩子的责任心，甚至促使他们选择逃避或撒谎。心平气和地与孩子对话，鼓励他们自己穿衣吃饭、收拾书包、打扫卫生等，有利于培养孩子“勇担责任”的意识。

（3）让孩子独自面对眼前的局面。

当孩子由于疏忽或者其他原因出现状况时，父母千万不要为孩子“脱罪”、无条件“善后”，应当让孩子自己承担责任。比如，孩子把家里的相机摔坏了，父母要以示提醒和惩戒，让孩子用自己的零花钱把相机修好，或者提供维修资金带着孩子去修理相机。

单亲家庭影响孩子健全的人格

心理知识

生活中，父母一方早逝或者父母离婚，就形成了我们常说的单亲家庭。在这样的环境里，孩子得不到父爱或母爱，缺少对完整家庭的体验，就容易受到种种负面影响，心理压力会加大。

科学研究表明，孩子在3—7岁时，母爱对心灵成长起着重大作用，如果失掉母爱，孩子会出现很大的情绪波动；而在12—17岁时，孩子面临着社会性方面的发展，父爱会显得十分重要，孩子失去父爱，往往会发生越轨行为。

心理故事

刘涛是小学3年级的学生，在学校里好学上进、关心同学，是老师眼中的好孩子。然而，半个月前，刘涛忽然沉默寡言了，而且抵触心日益增强，有时候甚至经常跟老师“唱反调”。班主任张老师了解到这种情况后，就对刘涛进行了调查，询问了周围的邻居。原来，刘涛的爸爸妈妈刚离婚。至此，班主任张老师才明白其中的原由。

显然，刘涛之所以性情大变，就是因为父母离婚的缘故。失去了母爱以后，刘涛感受不到原来家庭的温暖，就开始变得自卑敏感，特别在乎别人对他的态度。可以说，正是单亲家庭的生活环境让刘涛心理失衡，使他变得渴望得到外界的关注和关心。

心理指南

完整的家庭对孩子成长是非常重要的。一般来说，父爱和母爱都是不可替代的，孩子在成长过程中同时需要两种不同的爱，缺少了任何一种都可能造成孩子性格上的缺陷。因此，爱人早逝以后，我们要注意消除孩子心理上的阴影；父母选择离婚的时候，必须慎重对待，要照顾孩子的情绪。

在单亲家庭里，孩子不能享受到父母亲密无间的关爱，就会使家庭的温馨大打折扣。在长期的心理缺失影响下，孩子很容易出现消极的情绪和不良的情感反应，常常表现出情感脆弱、容易激动、缺乏安全感，感觉不开心等。

如果得不到及时开导，找不到宣泄的途径，孩子就会做出一些过激行为，比如自残、离家出走、虐待小动物等等。显然，这种心理偏差会引发孩子性格缺陷，在日后成长与发展中面临严峻挑战，影响到一生的成功与幸福。

在单亲家庭里，家长必须注意给孩子更多关爱，消除可能出现的种种不良影响，让孩子健康成长、拥有健全的人格。这里需要指出的是，单亲家庭的孩子并非不能拥有健全的人格，只要对孩子的成长给予足够重视、采取有效的教育手段，就能解决现实存在的许多问题，消除不利条件的影响。在这里，要努力做好下面几点：

（1）认真倾听孩子的心声，加强与孩子的交流。爱人早逝或者父母离婚后，孩子的心灵会受到严重影响，这时候孩子是最需要关怀的。因此，父母要多和孩子在一起，倾听孩子的真实想法，并加以开导，满足孩子的愿望。总之，尽力让孩子享受到更多关怀和爱，就能弱化孩子的不适应感。

（2）避免说过火的话，做出过火的行为。在单亲家庭里，父母也承受着孤独，内心的需求不能得到满足，加上工作压力大，会变得脾气暴躁、容易发怒。这时候，有的父母会因为一些小事对孩子大发雷霆，结果引起孩子心理震荡，甚至诱发孩子的叛逆心理。所以，一定要避免用偏激的方式来对待孩子，避免给孩子的心灵造成更沉重的负荷。

（3）不回避单亲的事实，对孩子的疑问做出合理的回答。单亲家庭里的孩子在与伙伴和同学交往的过程中，会明显感受到自己的不同，还会遇到一些有关父母婚姻的问题。这时候，孩子往往会产生困惑和疑问，父母应该采用恰当的方式，坦率地做出合理的解释和说明，帮助孩子消除心理上的压力。

孩子爱占便宜是怎么回事

心理知识

每个人都有好胜心、占有欲，孩子也不例外。不同的是，大人懂得克制自己，而孩子不善于约束自己，表现为喜欢占便宜、窃取他人成果，甚至在与人交往中妒贤嫉能。

好胜心、占有欲，就象杂草一样，任由它们疯长，到头来就会妨害孩子优良品质的培养，最终害人害己。孩子喜欢窃取他人成果，有两种表现形式，一是喜欢占便宜，一是嫉贤妒能。

心理故事

有一次，陈星和邻居家的小朋友互相交换玩具和图书，结果他用一些不起眼的东西，比如玻璃弹珠、双层气球等换回了对方价值很高的进口玩具。妈妈看到这种情形很生气，责备陈星不该占人便宜，但是小陈星却振振有词地说："这是我们自愿交换的，怎么能埋怨我呢？"

孩子眼里的世界和大人看到的情形是有差别的，陈星的做法是孩子之间的正常友谊呢，还是喜欢占便宜的表现，这要看他的主观意愿、交换的初衷。在这里，我们不能责怪陈星的妈妈，因为她担心孩子占对方便宜，从此染上不良的习惯，这种担心是很有必要的。

心理指南

从年龄来看，小一些的孩子功利意识更弱，而大一些的孩子接触到社会和成人的想法后，往往染上占他人便宜的坏习惯，甚至把他人的东西据为己有。对于后一种情形，父母要加以重视，并采取措施干预孩子的行为。

法国哲学家卢梭说过："在道德教育方面，只有一条，既适合孩子，而且对各种年龄的人来说都最为重要，那就是：决不损害别人。"

孩子占别人的便宜，把自己的满足建立在损害他人的基础上，是一种自私自利的表现。如果这种不良习惯得不到纠正，那么孩子长大后就会对他人进行更大的危害，甚至走上违法犯罪的道路。防微杜渐，父母一旦发现孩子身上有这种不良倾向，就要把它扼杀在摇篮里，帮助孩子健康成长。

这里有一个值得注意的问题，如果父母在生活中喜欢占便宜，那么往往会让孩子染上这种恶习。所以，在对孩子进行家庭教育的时候，父母必须首先自我反省一下。

张亮是两个孩子的父亲了，第一个孩子是他和前妻生的男孩，名叫小刚，今年 10 岁；第二个孩子是他和现在的妻子生的女孩，名叫小雪，今年 5 岁。张亮自从有了女儿后，就把小刚送到奶奶家。

令人忧虑的是，张亮的妻子是一个爱贪小便宜的人，不但在公司里和人争名夺利，在家里也和周围的邻居斤斤计较。受到这种影响，女儿小雪也渐渐成了一个喜欢占便宜的人。

有一次，小雪在幼儿园里看到同桌有一支新钢笔，那是亲戚从国外带来的。小雪非常喜欢，就偷偷地装进了自己的铅笔盒，还带回家让妈妈看。张亮看到孩子竟然拿别人的东西，非常生气，就斥责了小雪，并让她把钢笔还给同桌。

小刚跟随爷爷奶奶生活，就是另外一个样子了。他待人诚实稳重，是一个人见人爱的好孩子。显然，这都是受到奶奶良好教育的结果。

由此可见，在家庭教育中，家人的影响是很重要的。当孩子表现出某方面的不良倾向时，父母首先要反省一下自己，然后再从孩子身上找原因。

妒贤嫉能的孩子长不大

心理知识

生活中，许多孩子受到妒贤嫉能心理的驱使会做出过激行为。经验表明，当一个人妒贤嫉能时往往丧失理智，因为妒忌而采取各种不道德的行为，不但容易给他人带来巨大伤害，也会使自己的成长和发展遭到挫折。

显然，孩子产生消极心理，不利于健康心态的培养。嫉妒的人以消极的人生观为基础，孩子产生妒忌心理的时候，就会信奉“你好我就不好”的信条，长此以往，孩子就会缺少快乐和童趣，甚至走进抑郁症的漩涡。

心理故事

有这样一个报道，一个中学里的两个女生是同班同学，并且住在一个宿舍里。两个人都是班里的学习尖子，每次考试成绩都不相上下。

初中毕业那年，大家憋足了劲考重点高中。恰巧，女生甲考试前生病了，但是也不太严重，她担心自己考试受到影响，更担心女生乙在考试中超过自己。

在焦虑和不安中，女生甲最后做出了一件终身遗憾的事情，她竟然用硫酸泼女生乙，在给他人造成巨大危害的同时，也把自己的人生断送了。

心理指南

嫉妒会使一个人的思想封闭起来，而没有一个开放的头脑，就不可能产生良好的学习结果。当孩子对他人充满怨恨的时候，怎么能从周围的世界中学习有益的东西呢？所以，除了怨恨之外，妒忌的人往往一无所有。

孩子嫉妒别人的时候，往往发现别人比自己做得更好，别人比自己拥有的更多。本来，孩子应该因此加倍努力，让自己获得前进的动力，但是妒忌却让孩子改变了正确的方向，去妨碍和伤害别人。这样一来，就失去了努力的时间、精力和机会。

此外，嫉妒会让孩子的人际关系恶化。通常，妒忌是发生在自己最熟悉的圈子里，孩子妒忌的对象往往是自己的同龄人，是自己身边的同学和朋友。孩子妒忌心强，不能容忍周围的人超越自己，就容易对他人产生种种攻击行为。妒忌的孩子只要发现别人进步比自己快，运气比自己好，心中就不舒服，说话也会尖刻，甚至还会做出一些小动作来。试想一下，谁愿意和这样的人交朋友呢？

因此，父母要对妒忌的孩子加以干预，避免让他们产生攻击行为，让他们走上健康成长的发展道路。

（1）孩子发生妒忌行为时，父母要告诉孩子他人在成功之前付出了汗水与努力。

看到别人比自己强，孩子心里不舒服，这时候父母应该让孩子思考对方为什么能成功，从而引导他们规划自己的人生。当孩子学会自我反省的时候，他们就能克制自己的妒忌心，发现自己身上的不足，从而在学习中获得成长的机会。总之，父母要让孩子确立这样一个信条：解决的方法只有一个，就是我要努力进步，过得比你还要好。

（2）父母要重视家庭教育的因素，给孩子创造一个开放竞争的成长环境，避免发生暴力等过激行为。当孩子在心理上失衡的时候，他们往往产生窃取他人成果的想法，如果在家庭中受到暴力倾向的影响，孩子很容易采取非正常的途径解决问题。反之，家庭环境开放、民主，孩子就会通过自己的努力满足内心的需要。

（3）让孩子在自我超越中不断成长进步。实事求是地说，每个人都有妒忌心。问题是，我们应该怎样采取下一步的行动。孩子产生妒忌的时候，渴望获得和他人一样的成果，这时候父母应该引导孩子朝着这一目标努力，通过自己的付出达到预期目标，从而使自己得到进步，在超越中获得成长和进步。

你的孩子懂得感恩吗

心理知识

感恩，是一个人与生俱来的本性，是一个人不可磨灭的良知，也是孩子具备健康性格的表现。父母一定要让孩子明白，没有人生来就应该为你付出什么。他人对你付出的爱，是因为他们有责任感、善良，拥有一颗仁爱之心。如果你享受了别人的优待和关照，就要心存感激。如果你对此贬低忽略，那么永远也不会懂得“爱心”的真谛，也不配得到这一切。

心理故事

主持人提问：“谁能回答，爸爸妈妈记得你们的生日吗？”

孩子们异口同声地答道：“记得，爸爸妈妈从来没有忘记过我们的生日。”

“哦，那么爸爸妈妈怎么给你们过生日呀？”主持人又问道。

这一次，答案五花八门。有的小朋友说“给我买了一个大蛋糕”，有的说“带我去游乐场玩儿”，还有的说“给我买芭比娃娃”，等等。

接着，主持人故意咳嗽了一声，问道：“哪位小朋友知道爸爸妈妈的生日是哪天呢？”

结果，全场顿时鸦雀无声。孩子们你看看我、我看看你，谁也回答不上来。

看到这一幕，场下刚刚还欢声笑语一片的父母们也都安静下来，若有所思地沉默了。

“孩子们，父母给了你们最真诚的爱，并且养育了你们，为什么你们连他们的生日都记不住呢？难道你们只知道一味地享受父母的关爱，而不知道感恩、不懂得回报吗？”

说着，主持人转过身来，面对着台下的父母意味深长地说：“家长朋友们，孩子们今天的表现你们满意吗？对于孩子们的行为，你们又该负何种责任呢？”

心理指南

什么是感恩？感恩的意义又是什么？感恩是对自己的现状满意，对别人的付出拥有感激之情。当你接受了别人的帮忙、礼物时，应该及时地表达自己的感激之情。

那么，如何培养孩子的感恩之心呢？

（1）父母要用自己爱长辈的行为感染孩子。

“言传身教”是最好的教育。无论平时的工作有多忙，父母朋友们都要记得孝顺家里的老人。因为，你自己对待长辈的言行举止，孩子都看在眼里，并且随着时间的变化，这种行为会慢慢地浸透到孩子的心中

（2）为孩子讲解感恩的含义与意义。

父母可以与孩子共同阅读有关感恩题材的文章，共同辨别、分析文章中的感恩行为，增加对于感恩的理解；可以观看与感恩有关的电视剧，让孩子在观看过程中，学会理解，学会体验感恩的真正意义。

（3）培养孩子的责任感和荣誉感。

生活中，父母可以根据孩子所处的不同年龄阶段，有意识地培养孩子爱劳动的意识，让他们知道自己有责任和义务为家庭做贡献。这样一来，他们才能体会到父母的不容易，才能够学会感恩。

第06章 儿童自控心理学 孩子管好自己，父母更省心

心理学家弗洛伊德指出：“学会控制情感是作为文明人个性发育的水准点。”在家庭教育中，父母除了让孩子学会理性思维，还要引导他们控制情感，避免在悲观、惰性、自私等人性弱点中沉沦下去。

全力救赎孩子的任性情绪

心理知识

从心理学角度分析，孩子过分任性是一种低情商的表现，主要体现了其自制力薄弱、个性偏执等特点。此外，对自我失去控制，完全由着自己的性子来，孩子也会给人留下缺乏教养的印象。

研究显示，家庭教育是孩子产生任性情绪的主要原因。一方面，家长及其他长辈对孩子过分溺爱，容易导致孩子我行我素，只考虑个人感受；另一方面，家庭教育简单粗暴，也容易导致孩子滋生叛逆心理，言行上缺乏责任感。

心理故事

露西生活在一个富裕的家庭，因为是独生女，爸爸妈妈对她非常宠爱。平时，只要是用钱能解决的，露西需要的，他们都会尽量满足。时间长了，露西身上流露出娇惯任性的不良倾向。

周一早晨，爸爸急着上班，可是露西一直都在玩橡皮泥，还一直询问自己捏的小兔子像不像。最后，爸爸失去了耐心，训斥了露西，她才闷闷不乐地去上学。

到了学校，老师看到露西不开心，经过一番询问才知道是怎么回事。于是，老师连忙开导露西："宝贝，早晨爸爸着急上班，如果迟到了，要接受惩罚。等爸爸下班了，再陪你捏橡皮泥吧！"露西似懂非懂地点点头。

下午放学后，爸爸来接露西。老师把今天的情况如实说了一遍，提醒爸爸注意孩子任性的情绪，沟通中一定要学会积极引导，不可过分纵容孩子。

在以后的日子里，爸爸注意培养孩子独立生活的能力，对露西的要求不再有求必应，让她明白有些事情不会轻易实现，总会有一些遗憾。渐渐地，露西变得通情达理了，也开始理解爸爸妈妈，能够静下来好好沟通。在爸爸妈妈眼里，露西成了一个懂事的孩子。

心理指南

孩子的心智尚未成熟，对许多事情缺乏是非判断能力和理解能力，如果家长不进行有效引导，孩子极易变得任性。完全按照自己的喜好做事，不考虑他人的感受，这对孩子的成长没有任何益处。一个任性、自私的人能有什么作为呢?

让孩子明事理，是家庭教育的重要内容。家长必须全力引导孩子理解这个世界，哪些事能做，哪些事不能做，形成正确的逻辑思维能力与判断能力。当然，在调试孩子的任性情绪时，家长要注意方法，根据时间、地点、情境的不同采用不同的策略。

一旦孩子任性而为，家长要分析背后的根源是什么。许多时候，孩子任性不一定是由内而外，可能纠结于某件事或某个物品。只有认清原因，并从中疏导，才能及时帮助孩子摆脱任性情绪，回归正常的生活。

每个孩子都是一个美丽的天使，他们的内心是纯洁而又美好的。在保持孩子童真的基础上，耐心引导他们遵守规则，成为一个有教养的人，是所有家长的重要职责。引导孩子排解任性情绪，能有效避免他们日后成为叛逆的人，这种用心良苦是一种大爱。

当然，孩子任性也有其积极的一面。适当的任性代表着孩子的某种个性，有助于培养孩子的主动性和创造性。这需要家长在当好情绪教练的时候把握好度。

任性不是孩子人格的表现，往往事出有因，家长不要如临大敌。只要耐心引导，发现孩子有哪些迈不过去的坎，就能帮助他们摆脱眼前的困境，重回快乐幸福的时光。

在家庭教育中，妈妈要有大局意识，与孩子发生冲突时懂得克制，避免双方发生激烈对抗，引发孩子强烈的叛逆情绪。否则，就与最初的预想背道而驰了。作为孩子最亲近的人，妈妈在平时要注意观察孩子的言行，了解他们的心理特征，并找到与之融洽相处的最佳方法和沟通方式，从而在亲子交流、家庭教育问题上游刃有余。

帮孩子克制不良的情绪和欲望

心理知识

父母在激发孩子探索世界的同时，也要让他们懂得保持克制，学会约束自己。比如，走进大自然，不能破坏环境；与更多的人交往，但不能对原来的朋友背信弃义等等。

帮助孩子学会克制自己过分的欲望，学会排解内心的不良情绪，是让他们早日走上成功的关键。孩子不懂得克制自己的非分之想，我行我素，很难把事情办好。

心理故事

一位年轻的妈妈带着 5 岁的儿子学溜冰。在旱冰场里，前来溜冰的孩子很多，儿子被其他孩子优美的溜冰动作吸引住了，羡慕不已。只见这些孩子能够随心所欲地转向，偶尔还要做几个漂亮的动作，儿子看得跃跃欲试，就跟着学起来。结果，儿子每次想做一个稍微复杂的动作时，都会摔倒在地。

妈妈看到这种情形，急忙走过去："孩子，慢慢来，妈妈教你。"但是，儿子太想立刻学会了，最后恼羞成怒，干脆坐在地上，把旱冰鞋脱下来扔到一边，嚎啕大哭。

孩子的心情是可以理解的，但是做任何事情都有一个过程，需要循序渐进完成。因为不能立刻学会滑旱冰就撒泼耍赖，孩子长此以往，不懂得克制自己的非分之想，会丧失前进的机会，甚至与人发生冲突，在成长的道路上遇挫。

心理指南

孩子在生活中经常会遇到麻烦和不顺心的事情，关键是父母要让孩子认识到，当他将要失去控制时，需要自我镇静一下，找出真正让自己苦恼的原因所在，然后采取适当的行动。帮助孩子掌握控制情绪的方法，才能让孩子学会理性思考，真正走向成熟，不断进步。

一般来说，孩子年龄不同，产生不良情绪后的反应也是不一样的。父母要根据孩子的年龄特点，对他们进行安抚教育，帮助其摆脱不良心理状态。

（1）婴儿阶段的孩子。

一般来说，婴儿的身体需求不能得到立即满足时，往往会发怒，表现为又哭又闹。当小孩子过度劳累、饿了、渴了，或者受到伤害、惊吓，乃至遭遇挫折的时候，由于缺乏足够的表达能力，他们会哭喊、尖叫、打闹。

遇到这种情形，父母可以拥抱孩子，让他们慢慢平静下来；或者心平气和地安慰孩子，给孩子消消气，让他们渐渐安静下来；或者让孩子参加其他活动，观察其他事物，来分散他们的注意力，让他们把原来不良的情绪抛之脑后。

（2）3—4 岁左右的孩子。

3—4 岁左右的孩子往往争强好胜，特别是看到别的孩子有什么好东西时，自己就想要过来，一旦被对方断然拒绝，就会发怒，或者悲伤不已。此外，当孩子感到饥饿、疲惫、恐吓时，也容易产生这种不良情绪。

遇到这种情形，父母应当“积极倾听”孩子的想法，了解孩子的内心需要。比如，父母可以说：“你刚才一定遇到什么不开心的事情了吧，快告诉我吧，让我帮你想办法。”这样一来，父母不但能了解到孩子真实的想法，帮助他们找到应对之策，还能让孩子感受到父母的同情和关爱。

（3）6 到 10 岁的孩子。

这个年龄阶段的孩子希望能够被同龄人接受，所以非常在乎他人对自己的看法。如果他们感觉自己被排挤到一个群体之外，往往会产生激烈反应，甚至做出过激行为。为什么会出现这种情形呢，因为他们很在意自己充满自信、能力不凡的标签，在和他人发生的每一次争吵或每一场冲突中，他们都告诫自己只能赢、不能输。所以，这些孩子最容易和人发生冲突。

这时候，父母要注意消除孩子的非理性情绪，让他们懂得控制自己的情绪，做出正确的选择。无论遇到什么情形，失去理智、动手殴打或恶语相向都是不可取的。

此外，父母要引导孩子掌握非暴力的身体活动，用来消除紧张情绪、化解心头的怨恨。比如，到篮球场上练习投篮，到足球场上练习射门，到空旷的草地上玩飞盘。给孩子找到一个出口，是帮助他们消除不良情绪的好方法。

学会调教自私的孩子

心理知识

孩子自私，只想到自己，不会想到别人，其实是一种普遍的现象，父母不必过分紧张。因为对年纪尚小的孩子来说，他们的思维能力有限，往往难以理解事物之间的相互关系，所以常常以自我为中心去观察、认识周围的事物，并做出有利于自己的行动。因此，从某种意义上说，“自私”是幼儿的一种思维特征。

但是，孩子过于自私，即使父母劝导也没有纠正，就要引起重视了。任何一位父母都不希望自己的孩子是一个自私的人，而是想让他成为有仁爱之心、有责任感的人。

心理故事

乐乐已经快两岁了，他性格开朗、活泼好动，非常惹人喜欢。但是让妈妈担心的是，乐乐从来不让别的小朋友碰自己的玩具；相反，看到别人的玩具就会抢着要。每当妈妈劝解时，他还一副倔脾气，只贪图自己的享受。孩子太自私了，妈妈不禁担心起来。

许多父母都像乐乐的妈妈那样担心，自私的孩子以后会好吗？别的孩子也这样吗？显然，一个人健康成长，乃至在未来获取成功，都要和父母、同学、朋友、同事打交道。不能克制私心的人，就不会顾及他人的感受、不懂得“己所不欲，勿施于人”的道理，只会在生活中四处碰壁。

心理指南

怎样才能与人和睦相处呢？尤为重要的一点是克制私欲，生活中保持一颗仁爱之心，从而有效避免发生摩擦和矛盾。实际上，这是如何与他人打交道的问题，尤其是与陌生人建立友好关系。在此，父母要引导孩子克制自己的私心，成为一个有仁爱精神的人。

那么，如果自己的孩子过于自私，父母应该采取哪些行动进行矫正呢？

（1）避免过于迁就和宠爱孩子。

许多独生子女享受着来自父母的关爱，他们不仅有着优厚的物质生活，还在家庭中享有许多“特权”，长辈们众星捧月般地围绕在孩子身边，唯恐孩子不高兴，使得孩子自私心膨胀。因此，在为孩子提供优越的生活条件后，父母要避免对孩子溺爱、娇惯，一旦发现孩子身上的不足之处，就要及时指出，对其进行潜移默化地指导。经验表明，许多孩子过于自私，与父母的迁就有很大关系。孩子只看到自己的利益和喜好，沿着这种思维方式发展下去，很容易变成一个自私自利的人。

（2）父母不能只注重孩子的学习成绩，还要关心孩子优秀品质的培养。在现代应试教育的背景下，一切以分数为判断的标准，导致许多父母只以成绩论好坏。取得了好成绩就是好孩子，这是大多数父母的认识。所以，只要孩子学习好，父母就让他们为所欲为，最终使孩子失去了培养公正、慈爱等优秀品质的机会。

（3）让孩子体会分享的快乐，认识到自私的危害。人是群体性的动物，孤独的人不能获得成功，也不会享受到快乐。所以，父母要引导孩子接触身边的人和事，让孩子和大家交朋友，体验与大家分享的快乐。比如，鼓励孩子把自己心爱的玩具让小朋友玩，把自己爱吃的东西分给小朋友吃，引导孩子树立群体观念，从而减少自私行为的发生。此外，父母还要通过讲故事等多种形式让孩子意识到自私、占小便宜的危害，对不良行为有所警惕。

合理的惩罚让孩子更加自律

心理知识

孩子的成长是一个不断犯错的过程，期间必要的“惩罚”不可缺少。当然，这种惩罚不是对孩子进行超出其忍耐范围的痛打和责骂，而是在孩子的认知范围内对其进行合理的惩罚，让他们认识到自己的错误，并对错误进行反省，从而变得更加自律。

心理学家及教育学家认为，对孩子进行合理的惩罚十分必要。合理的惩罚会让孩子在心理上明辨是非，变得更加坚强，也更有责任感。从心理成熟的角度看，适当的惩戒可以有效锻炼孩子的意志与品格，让他们抵御并战胜外界的诱惑，有效提升自控能力。

心理故事

周末到了，妈妈带动着姐姐和弟弟去游乐园玩儿。两个孩子很高兴，一大早就开始不断催促妈妈赶快出发。然而在出发之前，两个孩子闹了点儿矛盾，姐姐动手打了弟弟。

虽然姐姐当时就向弟弟认错，不过妈妈还是决定对女儿进行惩罚。当然，对于采取什么样的方式由女儿自己选择。最终，女儿选择了留在家里而不去游乐园，她说这样更能让自己记住今天的错误。

妈妈接受了女儿选择的惩罚方式，最终没有带女儿一同前往游乐园。虽然心里多少有些难过，不过她明白，女儿选择这样的惩罚方式对自己的成长有很大帮助作用。

心理指南

孩子犯了错误以后接受惩罚，是为了让他们明白为人处事的道理。

孩子虽小，但也是独立的个体，既然是社会中的一员，就要学着适应社会、尊重社会，而不应由着性子行事。

为了让孩子情愿接受必要的惩罚，从而改正错误，父母需要把握好以下几个原则。

（1）实施惩罚的过程中与孩子有效沟通。

对孩子惩罚前后需要进行有效沟通，消除误解与隔阂。惩罚完以后还需对孩子进行安慰，让孩子觉得父母没有抛弃自己，也不会让他们因为受到了惩罚而失去安全感，同时也有利于他们接受惩罚、认识错误，从而严格要求自己。

（2）提前与孩子约法三章，让他们心安理得接受惩罚。

怎样惩罚才更容易让孩子接受呢？惩罚的条款最好是在之前就制定好，什么样的错误要对应什么样的惩罚。提前与孩子约法三章，惩罚之前告诉孩子进行惩罚的原因，这样更有利于他接受惩罚。此外，让孩子自己选择惩罚方式，也能让孩子主动接受惩罚，提升惩罚的效果。

（3）惩戒不能引发孩子的逆反心理。

惩罚确实可以帮助孩子认识到自己的错误，并改正错误。但是孩子毕竟还小，心灵上也不够成熟，即便是再小的惩罚对孩子来说都是打击。另外，孩子也有自己的评判标准，如果父母的惩罚不合理、不被孩子接受，势必引发孩子的逆反心理，甚至对父母失去信任。所以，对孩子进行惩罚时一定要慎重。

（4）尽量避免体罚，别伤害孩子的心灵。

在惩罚孩子的时候应尽量避免体罚。因为这样做会让孩子认为你在发泄愤怒，同时也会让他们觉得暴力可以解决问题，从而滋生弱肉强食的想法，对孩子的成长非常不利。所以，惩罚孩子的手段一定要合理，别让他们内心充满戾气。

帮助孩子训练自控能力

心理知识

随着年龄越来越大，孩子希望早日长大成人、走向独立的愿望就越来越迫切。这时候，父母仍旧把他们当作孩子对待，以自己的方式安抚他们，往往事与愿违，甚至引起孩子的厌烦，产生抵触情绪和家庭矛盾。

对此，父母应着力培养孩子的自控能力，让他们学会理性思考，能够掌控自己的时间和生活。帮助孩子学会排解内心的不良情绪，做起来并不容易，但是父母只要付出努力，就一定能够收到丰厚的回报，使孩子早日走向成熟。

心理故事

东东最近听到一个坏消息，好朋友小强告诉他："张亮上次过生日的时候，没有邀请你参加，那一次几乎所有的同学都到了。"东东听了心里非常郁闷，因为他和张亮是好朋友，两个人经常在一起吃午饭、一起放学回家。东东虽然很伤心，但又不想表露出来，他知道自己应该做一个男子汉。但是，细心的妈妈发现了，并从小强那里了解到了具体情况。

接下来，妈妈和东东谈了一次话，两个人敞开心扉，分析其中的原因。当时，妈妈给东东提出了几种选择：

第一，告诉张亮，你非常恨他，并再也不同他讲话，解除友谊关系。

第二，给张亮造谣，在同学和朋友中说他的坏话，但是这会给张亮带来灾难性影响。

第三，同张亮继续友好相处，做到心胸宽广，自己能够快乐地生活和学习。

第四，找张亮谈话，大家心平气和地坐到一起，然后仔细询问他为什么不邀请自己。

第五，让好朋友小强询问张亮，为什么不邀请自己参加生日派对。

尽管东东还没有做出选择，还没有按照妈妈的意见行动，但是他已经明显感受到自己的心情好多了。接着，妈妈开导他，遇到不开心的事情时，要学会分析，进行推理，找到解决问题的办法，而不能憋在心里，也不能采取鲁莽的行动。东东听了豁然开朗，那一刻感觉自己长大了，也变得懂事了。

心理指南

父母要让孩子明白，在生活中每个人都会遇到伤心事，我们没有办法控制别人的行为，但能控制自己的行为。所以，遇到麻烦要积极思考，通过创造性的设计处理眼前的尴尬和困难。当孩子掌握了自我干预、自我解脱的技巧后，就能妥善应对生活中的各种困难和烦恼，获得快乐，实现健康成长。

对成长中的孩子来说，能够积极主动认识周围的世界，学会控制自己的情绪，与身边的人融为一体，是一种基本的生存能力。许多父母习惯高高在上，对孩子发号施令，这种做法是不科学的，也是不理性的。放弃那种全面控制孩子的念头，并且帮助孩子训练自控能力，才能让他们拥有自由幸福的人生。

（1）父母要明白孩子产生情绪恶化的主要因素，从而帮助他们控制情绪，找到解决问题的方法。一般来说，这些因素主要有性格特征、年龄问题，以及外界环境的变化。

（2）家长不要在孩子面前发火。对家长来说，最糟糕的是在孩子面前情绪失控，这不但会吓着孩子，也会让他们对父母关闭心灵的大门。

如何教孩子进行自我管理

心理知识

孩子年纪幼小的时候，对父母严重依赖，对个人情绪缺乏掌控能力，一旦遇到挫折和不如意的事情会陷入悲伤、焦虑等负面情绪。孩子缺乏自我管理与情绪掌控能力，通过哭闹、耍赖引起家人注意，并渴望得到安慰，这是缺乏自控力的表现。

哈佛大学流传着这样一则校训："除非你能管理'自我'，否则你不能管理任何人或任何东西。"自我管理是家庭教育的重中之重，对孩子来说，学会掌控情绪、进行自我管理是成长的必修课。

心理故事

小冉生病了，他原本就脾气不好，这次干脆哭闹不停。"啪！"小冉打翻了杯子。"我不喝药，不喝，不要再端过来了……"说着，他坐到地上大哭起来。

妈妈连忙安慰小冉，但是孩子哭得更凶了，好像受了很大委屈。然后，爸爸走过来，承诺给儿子买一个心爱的玩具，结果也无济于事。屋子里的气氛很浓重，一家人郁郁寡欢。

奶奶平时与小冉相处融洽，她抱着孙子耐心安慰。可是小冉一反常态，显得非常不耐烦，甚至对奶奶大呼小叫。最后，老人家气得掉下了眼泪。

心理指南

孩子年龄小，社会经验不足，自我管理能力很弱，需要家长及时、准确地进行引导，以帮助其建立起强大的自我管理能力。为此，需要着重做好以下几点。

（1）培养基本的自理能力。

自己的事情自己做，从小训练孩子吃饭、穿衣、洗脸、洗手，学会照顾自己，具备应有的自理能力。管理好自己的第一步就是照顾好自己，否则一切都无从谈起。

（2）遇事冷静，能够进行自我保护。

随着年龄增长，孩子开始接触更多的人，走进外面的世界，学会自我保护变得非常迫切。教会孩子必要的自我保护知识，让孩子与外界接触的过程中有效地降低危险，是生存和发展的需要。

（3）做事有计划，合理安排时间。

做事情有计划，合理安排时间，能够大大提高效率。胡子眉毛一把抓的做事习惯不仅不能毫无效率，也非常容易出错。做事有计划，懂得合理安排时间，这样的孩子更容易有一番成就。

（4）合理调节情绪，保持愉快心情。

生活本来就充满各种各样的困难和问题，一个具有良好自我管理能力的孩子遇事冷静，不会大吵大闹。经验表明，情绪失控会加重解决问题的难度，如果保持积极乐观的心态面对难题，许多问题都会迎刃而解。

（5）有原则，有道德，遵纪守法。

遵纪守法是一个人在社会上正常生存的底线。一个能够管理好自己的孩子，首先是一个有道德、有底线、遵纪守法的好公民。永远坚守做人的底线，做事才不会偏离正确的方向，从而在成长的道路上向前迈进。

玩游戏没够，父母该怎么办

心理知识

孩子沉迷于游戏，有的父母对孩子进行体罚，或者直接断网。然而，这样做不仅没有任何效果，反而会让情况变得更加糟糕，比如孩子出现逃课、去网吧打游戏等情况。

面对网络和电子游戏带来的负面影响，很多父母谈“网”色变。其实，孩子之所以沉迷于电子游戏、沉迷于网络，不单单是因为网络和电子游戏有强大的吸引力，还有一部分原因是父母无法满足孩子正常游戏的心理需求。

心理故事

小童是小学 4 年级的学生，家庭条件不错，爸爸妈妈很早就给他配了电脑和手机。爸爸妈妈原本是想让小童用这些电子设备查找学习资料，但是他却在使用这些设备的时候迷上了电子游戏，令人非常苦恼。

为了不让儿子玩电子游戏，爸爸妈妈想了很多招，也和小童争吵了几次，不过效果并不理想。小童为了躲避爸爸妈妈的监视，还玩起了捉迷藏。爸爸妈妈在旁边的时候他就会做作业、温习功课，而爸爸妈妈一离开他就开始玩游戏。

后来，爸爸妈妈通过断家里网的方式来阻止小童玩游戏，可是他却开始逃课，去网吧、游戏厅接着玩游戏。

看着沉迷于游戏的孩子，小童的爸爸妈妈非常痛心。不得已，他们找到了心理医生，请其帮忙纠正孩子的网瘾。心理学家说，对于孩子玩游戏不应该“堵”，而应该“导”，引导孩子玩一些益智类的游戏。另外，父母也应该了解孩子的内心，这样才能更好地引导孩子合理利用时间，做到游戏、学习两不误。

按照心理医生的建议，爸爸妈妈开始主动同小童一起玩游戏，而不再一味地阻止小童了。就这样，他们同小童之间的隔阂逐渐修复了，小童有什么心里话也愿意说出来。在了解了孩子的真实想法之后，他们教育起小童就更加得心应手了。

随后，小童对游戏的迷恋程度也越来越弱，开始把精力更多地用到学习上。这让爸爸妈妈非常高兴。

心理指南

许多父母只注重孩子的成绩而忽略了他们的兴趣爱好，这让孩子感到压抑、烦闷，转而从网络上寻求慰藉。有的父母因为忙于工作而忽略了孩子，这让他们得不到应有的关爱，感到孤独，所以也会从网络中寻找关心及爱护。还有一些孩子无法接受父母的教育方式，从而产生逆反心理，于是全身心投入到网络和电子游戏中。

因此，面对沉迷于网络和电子游戏中的孩子，父母一定要客观分析，不要简单粗暴地认为孩子有“网瘾”，而对他们采取强制措施。

今天是网络高度普及的时代，我们不能因为孩子有不良的上网习惯就剥夺其从网络中获取信息的权利，这是非常不明智的。作为父母，不仅应该看到网络的弊端，更应该认清网络带来的便利和益处，对孩子上网、玩游戏这件事也应当辩证分析，引导孩子合理利用网络、利用电子游戏。

市场上确实充斥着许多不良游戏，但是也有一些游戏可以开发孩子的智力、锻炼孩子的动手能力，能够提高孩子的反应速度、思维敏捷度以及判断能力，所以不应将电子游戏全盘否定。

有的父母看不到电子游戏中的益处，而只看到了电子游戏的弊端，因此严禁孩子玩游戏。可是父母越控制，孩子的好奇心就越大，这反而增大了电子游戏的吸引力。于是，很多孩子背着父母去游戏厅打游戏，玩得不亦乐乎。

电子游戏是信息时代的一种新文化，已经渗透到了社会的方方面面，父母大可不必把电子游戏当成洪水猛兽。想纠正孩子的“网瘾”，单纯靠“堵”并不理想，有意识地“引导”才能让孩子正确面对网络游戏。

父母不“他控”，孩子才能“自控”

心理知识

很多父母推崇棍棒教育法。他们认为，孩子不自律，是因为管理不严所致。为了让孩子养成自律的习惯，许多父母扮演保姆、严师等各种角色，时刻对孩子进行“他控”，监视着孩子的一切举动。结果，孩子在心理上被动顺从他人的意志，完全丧失了学习自我控制的机会，自然也就没有自控能力了。

心理故事

艳艳马上就要随父母移民加拿大了，可是她一点儿也不开心。此前，她一直爱好篮球，并且学校让她参加校队，参加全市中小学生的篮球比赛。为了得到这个机会，艳艳每天苦练，现在却要因为自身的原因而放弃，因此她非常痛苦。

听到艳艳的抱怨，妈妈说她长大了，应该筹划未来了，于是早早地帮孩子谋划光明的坦途。从小到大，艳艳都生活在妈妈的“他控”之下。每天放学就要按照妈妈的安排写作业，从来没有娱乐和看电视的时间。

不仅在学习上，妈妈在生活上同样掌控着孩子的一切，从穿衣吃饭到交朋友，从个人喜好到思想取向，艳艳简直成了妈妈手中的木偶，没有丝毫自由。

有时候，奶奶有些心疼孙女，看不过去了，对艳艳的妈妈说："孩子一天天长大了，有自己的思想和爱好，你就不要管那么多了，这样对孩子不好。""那可不行，我必须对孩子的未来负责任。"妈妈振振有词，丝毫没有商量的余地。

心理指南

中国盛产"全能的父母"，他们能够包办孩子的一切，希望孩子完全按照自己的安排生活。这样热衷于"他控"的家长，培养出了一代又一代缺乏自控能力的孩子。很多时候，孩子们需要的不仅仅是一个独立的房间，更需要一个真正属于自己的精神空间。

父母应该充分认识到，孩子是一个独立个体，给他们一些空间，让他们发挥自控能力，按照个人思想、兴趣和爱好生活，才会有快乐的童年和自由成长的幸福。

（1）父母要尊重孩子。

孩子是一个独立的个体。独立的思想空间、决定选择权、兴趣爱好都是孩子作为一个独立个体应该具有的权利。父母不能剥夺孩子的权利，让他们成为被随意摆布的木偶。孩子有自己的思想、喜好，需要在一个相对独立、自由的空间成长。父母要尊重孩子，应充分了解孩子的需求，凡事与孩子协商，让他们快乐地成长。

（2）过度的爱就是监视。

过多的关注就是一种监视。许多父母把目光和爱都聚集在孩子身上，对他们形成了无形的监控。孩子完全没有自由，一举一动都在父母的他控之下，会在内心产生巨大的压力，从而失去自我，丧失自控的能力。

（3）允许孩子犯错误。

孩子的年纪小，人生阅历不足，犯错误在所难免。实际上，孩子犯错之后改正言行，就是在训练自控能力。这是孩子成长过程中必不可少的心路历程。爱因斯坦说："谅解也是教育。"懂得宽容的父母不仅仅是孩子的良师，也是益友。

第07章
儿童沟通心理学
亲子沟通训练与实用技巧

学会与孩子对话，彼此成为无话不谈的朋友，才能真正走进孩子的内心世界，感受他们的喜怒哀乐。优秀的父母懂得选择恰当的沟通方式和问答技巧，跟孩子任何时候都有话聊。

妈妈的烦恼：说什么孩子都不听

心理知识

随着年龄增长，孩子的心智也会越来越成熟。孩子在心理成熟的过程中有一个重要变化，那就是从什么都依赖父母变得越来越独立。不过这个过程不是一帆风顺的，中间总会有不如意的地方。

孩子在成长的过程中，会建立新的生活方式，心理上产生各种变化，主要表现就是对父母的反抗，对父母说的话听不进去，只想按照自己的意愿行事。此时，孩子的表现会比较古怪，这是因为他们虽然想独立，但是没有经验，在处理事情上就会一厢情愿，与实际情况不一致。

在亲子沟通上，孩子的主要表现是把父母的话当耳旁风，自己会做的事不去做，偏偏要尝试那些自己做不了的事情。而且，他们经常和父母顶嘴、斗气，有时甚至对长辈不尊重。

心理故事

小美是两个孩子的妈妈，女儿 3 岁，儿子 7 岁，两个孩子的日常表现让她焦头烂额。摊上了不听话的孩子，小美一度觉得自己是这个世界上最倒霉的妈妈。

每天大部分时间，小美都围着两个孩子转，不止一遍地叮嘱孩子“把衣服穿好”“要认真吃饭”“不要乱跑”“不要看电视了”“赶紧去睡觉”，但是他们根本听不进去。

为了让孩子听话，小美用了各种方法，循循善诱，各种好话说了无数遍，但是没有一点儿效果。后来，小美说话的声音越来越高，说的话也越来越狠，有时甚至还会动手。事情过后，她又觉得自己很过分，内心生出几分懊悔。

这一天，小美带着两个孩子逛超市。孩子跑来跑去，不停打闹，吵得小美头昏脑涨。最后，小美大声说道："安静！你们如果再吵闹就别逛超市了，你们的玩具也别想买了，晚上回家也别想吃饭。"她一边说，一边把两个孩子用力拉到身边，惹得周围的人纷纷侧目。过了一会儿，两个孩子又开始打闹起来，无奈之下，小美只能带着他们提前回家。

回到家里，小美无力地瘫在沙发上，思考自己为什么会变成这样，为什么脾气变得这么差。后来，一个同事告诉她，也遇到过这样的情形，其实并非孩子不听话，而是她的教育方法出了问题。

此后，小美开始有意识地克制自己的脾气，不再动不动就发火，而是认真倾听两个孩子的心声，努力理解孩子的想法。并且，她对孩子也不再无休止地唠叨，而是让沟通变得更直接、更简单。

比如，针对吃过饭之后洗碗的问题，以往她会反复地唠叨让儿子收拾碗筷，但是效果却并不理想。现在吃完饭之后，她只会微笑着对儿子说："碗筷就麻烦你了，宝贝。"然后儿子就会乐颠颠地把碗筷收拾好。

其实，孩子很容易沟通，他们需要的是简单、有礼貌的提醒，而不是无休止的、反复的唠叨与训斥。掌握孩子这一心理特点，并在日常生活中选择合适的对话方式，就容易与孩子建立良性的沟通模式。

心理指南

亲子沟通的关键是互相理解，在心理上满足孩子的期望，从而让他们大胆说出内心的真实想法。为此，父母应把握好以下两个原则。

（1）父母要主动放弃对抗式沟通。

孩子产生叛逆心理，总是与父母对着干，确实令人头疼。对此，许多父母往往采取简单粗暴的方式——大声呵斥，甚至是打骂孩子。这种方式对解决问题没有帮助，反而会激化双方的矛盾，让孩子变得更加叛逆。

放弃对抗式沟通，对孩子表达理解和尊重，掌握他们的心理特点，更容易亲子双方平等对话，了解彼此真实的想法。

（2）尝试着站在孩子的角度考虑问题。

孩子在成长的过程中总会有一个叛逆阶段。在这个阶段，父母不应该简单粗暴地阻止孩子、否定孩子，而是应该站在孩子的角度，了解孩子的想法，了解孩子叛逆背后的原因。这样在沟通的时候才能有的放矢，让双方的关系和谐起来。

比如，孩子犯了错，父母应该多一份耐心，给他们解释为什么错了。其实，孩子犯了错也会内疚，此时他们更希望父母能够对自己对一些宽容和耐心。相对来说，惩罚只能加强孩子的反抗，解释则会让他们觉得自己受到了父母的尊重，也就能更容易听从安排。

认真对待孩子提出的问题

心理知识

孩子的成长离不开思考，而提出问题就是他们进行思考的外在表现。孩子提问说明他们有求知欲，父母应该给予支持和鼓励。

然而，面对孩子提出的问题，有的父母态度冷漠、不予重视，甚至还会加以斥责，这无疑会伤害孩子的心灵。也许从孩子闭上嘴巴的那一刻开始，他们也会对你紧锁心门，从此你无法走进他们的内心世界。

心理故事

月月五岁的时候，妈妈第一次带她看电影，选择看一个充满正能量的动画片《功夫熊猫》。月月很兴奋，坐在席位上左看右看，一会儿问妈妈这个问题，一会儿又问妈妈那个问题。面对孩子一连串的问题，妈妈刚开始还能耐心地回答。后来孩子天真地刨根问底，妈妈显得有些不耐烦了。

终于电影开演了，精彩的画面让月月产生了更多问题。她拉着妈妈不停地提问，“妈妈，为什么这只熊猫会飞呀？”“妈妈他们为什么打架呀？”“妈妈他们要去哪里呀？”“妈妈他们为什么哭呀？”电影还没有开始多长时间，妈妈已经被月月问得精疲力竭了。

最后，妈妈面对月月提出的问题，只是一味地敷衍，“是的”、“对”、“嗯……嗯……”甚至后来面对她提出的一些问题，妈妈会急躁地呵斥。渐渐地，月月感觉到了母亲不耐烦，她提出的问题越来越少，以至于到最后不再向母亲提问了。

电影结束后，妈妈对月月说：“月月，你还是太小了，这个电影不适合你，你都没看懂。”月月低着头，小声说道：“看不懂我也喜欢看。”

听到孩子的回答，母亲意识到自己的行为似乎伤害到孩子了。孩子只是因为没有看懂，所以不断提问，结果妈妈不耐烦地冲孩子吼叫。想到这里，妈妈有些后悔，意识到自己应该改正不正确的行为。

心理指南

事实上，孩子提出问题是一件好事，说明孩子在主动发出沟通的信号，而且内容非常有针对性。针对孩子指定的话题展开亲子沟通，对父母而言并不是一件难事。因此，父母一定要认真对待孩子提出的问题，把握好与孩子高效沟通的绝佳机会。

（1）孩子反复问，是在表达不满。

“今天必须去幼儿园。”面对孩子的哀求，妈妈坚定地说。

“为什么？”孩子问。

妈妈阴着脸，没有回答。

“为什么？为什么……”孩子反复问道。

“你烦不烦，你说为什么，别人都上学，你为什么不去？”妈妈冲孩子吼道。

妈妈的吼叫很快见到了效果，孩子果然不再反复问“为什么”。

孩子不问了，是孩子明白了吗？

其实，这时候妈妈根本不用回答孩子的问题，因为他们不是在提问，而是在发泄心中的不满。所以，面对这种情况，沟通的切入点应该是排解孩子心中的不满。

（2）孩子发问是为了引起家长的关注。

“妈妈，你喜欢我吗？”孩子问道。

“当然喜欢了。”妈妈回答。

“如果我犯错误了呢？”孩子接着问。

“同样喜欢，妈妈永远都喜欢你，你是妈妈的孩子。”妈妈答道。

类似这样的问题，说明父母对孩子的关心爱护不够，孩子缺乏安全感，需要通过这些问题来确定父母是否喜欢自己。因此，父母面对类似的问题一定要认真对待，学会反思，别忽略孩子的感受。

（3）孩子提出问题是出于好奇。

孩子的好奇心非常重，他们向父母提出问题，说明不满足已经掌握的信息，希望得到更多的知识。此时，父母一定要认真对待，将自己知道的情况如实告知孩子，不要敷衍，更不要因为不耐烦而训斥孩子，否则会严重打击孩子的求知欲。

陪伴是最好的心灵沟通方式

心理知识

在亲子沟通中，没有比父母的陪伴再好的选择了。与父母在一起，孩子才能感受到安全、快乐，让幼小的心灵得到慰藉，避免爱的缺失。

对此，印度的国母甘地夫人曾经说过：“当一个人只有很有限的时间供自己支配时，他自然会花在最需要的地方。不管我怎么忙、怎么累、怎么不舒服，我总要抽出一些时间和我的儿子一块玩，一块读书。”是的，这不仅是父母的义务，也是孩子们应该享有的权益。

心理故事

天色已经黑了，父亲拖着疲惫的身子回到家里，原以为5岁的儿子已经睡着了，不料小家伙依然在等待。

听到爸爸开门的声音，阳阳立即从床上跳了起来，“爸爸、爸爸……”

看到儿子张着小手扑向自己，父亲高兴地抱起孩子，在小脸上亲了一下。

“今天怎么回来这么晚呀？我等了你好久了。”儿子奶声奶气地问道。

“爸爸有事情，耽误了一会儿，你不睡觉等爸爸做什么？”父亲问道。

“爸爸，你忘了吗？今天你要给我讲超人的故事。昨天你说太累了，答应今天给我讲。”儿子说道。

“哎呀，这样啊，明天吧。爸爸今天比昨天还累。再说这么晚了，你必须睡觉了。”爸爸无奈地说道。

“爸爸骗人，爸爸永远都没有时间陪我。”说完，孩子挣扎着离开父亲的怀抱。

跑到卧室门口，突然阳阳停下来，问道：“爸爸你每小时赚多少钱？”

儿子没头没脑的问题，让父亲一阵疑惑，“啊，这个，大约60元吧。”

孩子听完头也不回地跑回房间。没过多久，他又跑回来，手里捧着一大把硬币，说道：“爸爸，这些都给你，明天你早回来一个小时，好吗？”

看着儿子手里的硬币，爸爸难过极了……

心理指南

现代社会竞争激烈，工作压力大，越来越多的父母一头扎进职场里，忙着工作，忙着充电，忙着赚钱，忙着应酬，陪孩子的时间越来越少了。对此，父母们也是满腹委屈，“我们这么做也是为了孩子呀。只有多赚钱，我们才能给孩子提供更好的生活条件。”

然而，父母都忘记了，孩子需要的不仅仅是富裕的物质生活，更需要精神层面的支撑。毫无疑问，孩子更需要父母的陪伴。没有爱的家庭，即使再富有，孩子也不会感到幸福。

（1）最不能挤压的时间就是陪孩子的时间。

你可能在社会中身兼数职，但是面对孩子，你就是父母，是无可替代的专职父母。不管工作多么重要，也没有孩子重要。如果为了工作而错过了孩子的成长期，这个遗憾不仅仅是孩子的，更是父母终生无法弥补的。

父母长时间不陪孩子，亲子之间渐行渐远，这种疏远的关系是不可逆转的。也许到最后你会发现，自己奋斗了大半辈子，到头来竟是一场空。原因是孩子没有教育好，晚年的生活甚为不省心。

（2）和孩子一起玩，平等地谈心。

李开复曾呼吁：“中国的家长，多陪陪孩子，无论多么忙，都要和孩子一起玩，平等地谈心。”在玩儿的过程中，亲子关系会更加融洽起来；在谈心的过程中，父母与孩子之间会更加信任、了解。在这种温馨、融洽的家庭里长大的孩子，无论情商、财商或智商都会得到良性发展。

（3）尽量不与孩子长时间分开。

今天，许多孩子自幼与父母分开，由老人代为抚养，这样做弊端很多。首先是隔辈亲，老人带孩子更容易溺爱孩子，养成很多不良习惯。其次，孩子与父母长时间分离，关系疏远，不利于孩子的成长和心理发展。这样的孩子从小缺乏父母的关爱，他们的性格更敏感，缺乏安全感，待人接物不热情，也不懂得关心他人。

选择“商量”，放弃“命令”

心理知识

大部分父母在解决问题的时候不与孩子商量。他们认为，孩子毕竟还小，能有什么可行的想法和意见呢？只不过，习惯和孩子商量的父母更能得到孩子的信任，更容易走进孩子的世界。

在孩子的眼中，父母是自己的保护伞、港湾。他们不仅能将自己高高抱起，还拥有着至高无上的权力——对自己发号施令。显然，如果一味采用责备、呵斥、说教的沟通方式，亲子之间的关系会越来越疏远，沟通越来越不顺畅。

心理故事

琪琪的妈妈是一家大企业的主管领导，手下管理着 800 多名员工，做事雷厉风行，是典型的事业型女强人，在同行业中非常有威信。

琪琪今年 10 岁了，聪明伶俐，学习成绩优良，是爸爸妈妈心中的乖宝宝。不幸的是，最近琪琪迷上了网络游戏，开始不专心学习了。妈妈发现端倪之后，强行没收了琪琪的手机，将家里的电脑设置了开机密码。

结果，琪琪不能上网了，也无法玩儿游戏了，一时间急得像热锅上的蚂蚁。终于，她找到了解决方法——去网吧打游戏。就这样，琪琪一有机会就溜进网吧，终日沉浸在网络游戏中，乐不思蜀。殊不知，她的行为已经触碰到了母亲的底线。

这一天，妈妈找遍了所有地方都没有发现女儿的身影。看着其他小朋友都按时回到家里，妈妈忍不住开始胡思乱想。她呼叫了所有的亲朋好友，全面搜索琪琪的踪迹。终于，大家经过共同努力终于找到了琪琪。

看着女儿如此沉迷网络，妈妈彻底失控了。她强行拉琪琪离开，回到家后严令女儿面壁思过。之后很长一段时间，妈妈俨然成了一位发号施令的人，命令琪琪在放学后半个小时内回到家中，1 个小时之后写完作业，每次外出都必须请示……

在妈妈的权威管理下，琪琪的确远离了网络。只不过与此同时，琪琪也远离了妈妈，看见妈妈就像老鼠见了猫，哧溜一下就钻进了自己的房间，和妈妈没有任何多余的交流。

心理指南

许多父母很爱孩子，也希望孩子能开心地度过每一天，但是他们总是习惯发号施令，无意中关闭了亲子沟通的大门，甚至激起孩子的逆反心理。

那么，父母应该怎样避免上述“悲剧”的发生呢？

（1）与孩子商量事情，少下命令。

无论要求孩子做什么事情，父母都应该采用商量的方式，而不是直接下命令。多采用商量的方式，家庭的气氛自然非常和谐。父母和孩子之间关系和睦，就容易进入无话不谈的状态，意味着父母距离孩子的世界不再遥远了，沟通也不再是问题。

（2）学会倾听孩子的意见。

许多父母认为，孩子年纪小，不懂事，于是便替代孩子做出很多决定。事实上，孩子有自己的想法和心理诉求，父母应该站在孩子的角度想一想，也许孩子的想法才最适合他们。

（3）请不要采取强硬手段。

孩子虽然小，但是也有自己的思想和意识。父母应该充分了解其真实想法，再对症下药，切不可强行支配孩子的行为。事实上，孩子不听父母的话，说明他没有与父母彼此认同，还需要进一步沟通才能达成共识。

珍惜孩子的童趣幽默

心理知识

孩子们的世界，大多是天真无邪的。他们初来乍到、思想奇特，说着童言稚语却常常让大人觉得有趣。

在亲子沟通中巧妙使用幽默的话语，能够让孩子感受到父母的尊重，有利于培养孩子的自信心与幽默感。同时，这种平等式的幽默能让孩子与父母之间萌生出一种友谊，让孩子愿意表达自己的心声，愿意与父母分享自己在学习、成长中的喜怒哀乐。

心理故事

晚饭后，妈妈正在和女儿一起在厨房里忙着收拾餐桌、清洗碗筷，爸爸和小儿子窝在客厅的沙发里，一起看电视。

突然，厨房传来一阵碗碟摔碎的声音。

爸爸和小儿子一愣，十秒过后，厨房都没有人发出声音，儿子对父亲说："一定是妈妈打碎的！"

爸爸不解，问道："你是怎么知道的呢？"

小儿子胸有成竹地开口，回答说："你看，碗碎了这么久，都没有听到妈妈骂姐姐的声音啊。"

心理指南

俄国文学家契科夫说："不懂得开玩笑的人，是没有希望的人。"如果漫长而略显乏味的家庭生活是一杯苦咖啡，那么幽默就是一颗糖。学会幽默表达，不仅能给平淡的生活增添乐趣，还可以缓解家庭成员之间的矛盾、冲突，听到更多欢声笑语。

显然，孩子们的眼光与大人是不同的，他们未经污染，天真、率直，他们无意间的幽默有时会让大人难堪。作为父母，面对孩子的幽默，要去珍惜，不要指责。

大人往往会原谅自己的失去，而对别人的过失大加指责。在上面的故事中，小儿子的幽默正在于他用童言童语，道出了人性的弱点。小孩子的眼光总是独特的，虽然有时他们的话会让家人尴尬，但与其指责孩子，不如改进自己，给他们做好榜样。

小孩子的童趣幽默值得珍惜，你若细心观察，会发现小孩子的童言童语无意间会给告诉你很多道理。孩子的童年是有限的，在有限的时间里，珍惜孩子的童趣幽默，相信在以后的日子里，你会回味无穷。

珍惜孩子的童趣幽默，要求你在生活中学会观察孩子的一言一行，一举一动，当孩子无意间冲撞了你，不要大加指责。你可以和孩子讲道理，但切不可用你的愤怒扼杀了孩子的幽默天分。

不懂得幽默的父母无法给家庭、孩子带来快乐与希望。现实生活中，许多父母常常紧绷着一根弦，在工作中严于律己，在家里对孩子也是严格要求。于是家里的氛围总是压抑的，无趣的，孩子也被迫变得紧张，缺少了活力与生气，不利于孩子的健康成长。

父母总是爱孩子的，如果想让孩子变得健康、快乐，就应该摒弃无趣与焦虑，用幽默面对生活。

允许孩子指出父母的错误

心理知识

生活中，父母是孩子学习的榜样，对孩子承担着教育和抚养的义务。但是，父母不是完人，也有犯错的时候。公平起见，孩子也可以指出父母的错误，而父母不能恼羞成怒，应该虚心接受孩子的批评。

识大体的父母具备平等意识，懂得包容孩子，也敢于让孩子指出自身的错误，并勇于改正错误。在此基础上，孩子会对父母产生强大的心理认同，更加信赖父母，并为此感到骄傲。

心理故事

5 岁的琪琪很任性，因为吵着要零食对妈妈乱发脾气。为此，妈妈决定好好和孩子谈谈。

“琪琪，根据你最近的表现，我想和你好好谈谈。”妈妈一本正经儿地对孩子说。

“妈妈，你说吧。”看到妈妈严肃的样子，琪琪也不敢太放肆。

“我是你的妈妈，给你生命和养育你的人，是你的长辈，你不能像刚才那样对妈妈乱发脾气。”妈妈说道。

“可是，妈妈为什么对外婆乱发脾气呀。上一次，外婆不知道做错了什么事情，你大喊大叫，都把外婆气哭了。难道外婆不是你的长辈，不是给你生命和养育你的人吗？”孩子的话，让妈妈顿时不知所措。

“是呀，如果孩子对自己发脾气是错的，那么自己也犯了同样的错误呀。”想到这里，妈妈连忙说：“你说得很对，妈妈也做错事情了。我们都错了，接下来一起改正，好不好？”

琪琪想了想，说：“好吧，你不对外婆乱发脾气，我就不对你乱发脾气。”

心理指南

父母不要担心被孩子指出错误之后，丧失自己在孩子心目中的威信和尊严。只要父母勇于承认错误，改正错误，那么孩子不会因此小看父母，相反会觉得父母很公平、知错就改，进而更加尊重父母，并努力修正自己的言行。

勇敢地接受孩子的批评，才是正确树立威信的开始，才能赢得孩子真正的敬重。犯了错误并不可怕，可怕的是父母为了维护自己的“形象”，对自己的错误遮遮掩掩。父母如此不光明磊落的行为，不平等的做法，才会真正有损自己在孩子心目中的形象。

（1）给孩子树立“知错就改”的形象。

有的父母非常谨慎，在孩子面前从来不犯错。事实上，父母大可不必如此紧张，有时候可以通过犯错警示孩子，只要积极改正，给孩子树立“知错就改”的形象，就无碍大局。

（2）虚心接受孩子的批评。

“三人行，必有我师”，父母是孩子的老师，孩子同样也是父母的老师。对于孩子的批评，父母要放下架子，虚心接受。这里为父母们提一个建议：面对孩子的批评，父母要坚持做到：一认真听取；二深入反省；三立即改正。

（3）学会真诚地道歉。

如果父母的错误伤害到了孩子，除了要虚心接受孩子的批评之外，还要主动向孩子道歉。道歉时要真诚，不能理直气壮，要让孩子看到你有悔改之意。这样的道歉对于孩子而言，不仅仅是父母的悔悟，更是弥补心理伤害的良药。

你的孩子懂得与人分享吗

心理知识

懂得分享的孩子情商更高，更容易赢得他人的关心与帮助。生活中，很多孩子都是家里的小皇帝和小公主，习惯了为我独尊，不愿意与他人分享自己的玩具和美食。

通常，孩子对自己的东西有很强的占有欲，担心被他人抢走，因此拒绝与他人分享。对此，父母不能指责孩子，而应该积极地加以引导，帮助孩子养成与人分享的习惯。

心理故事

阳阳和小雪是好朋友，年龄相仿。两个孩子如果长时间不见面，都会彼此想念对方，可是一见面又吵架，让人哭笑不得。

这一天，阳阳和小雪相聚了，他们一会儿东跑跑，一会儿西跑跑，玩得不亦乐乎。到了午饭时间，父母要带着孩子各回各家了，两个孩子手拉着手，说什么也不肯分开。

孩子的感情总是最真挚的，没有半点杂念。看着孩子之间真情流露、依依不舍的样子，双方的家长于心不忍，又一起回到了小雪家里。

在小雪家吃过午饭之后，两个孩子开始摆弄玩具。小雪的玩具真多，阳阳很喜欢，想拿一个玩耍，可是小雪不答应。后来，阳阳伸手摸了一下玩具，小雪立刻生气了，不仅大声斥责，还动手打了阳阳。

阳阳转身跑到妈妈面前，说：“我们回家吧，再也不和小雪玩了。”小雪的妈妈见状，呵斥了小雪，并且说：“再欺负小伙伴，以后就没人跟你玩了”。看着阳阳生气的样子，看着妈妈严肃的样子，小雪也觉得很委屈。

心理指南

年纪幼小的时候，孩子没有“自我”与“他人”的意识，看到感兴趣的东西都想据为己有。对此，父母应该慢慢引导，随着年龄增长让孩子分清哪些东西是自己的、哪些东西是他人的。

有的孩子不让别人动自己的东西，就是缺乏分享的意识。一旦形成这种习惯，会变得自私，凡事只想着自己，对他人的利益视而不见。久而久之，这种自私、自利的性格会严重影响到未来的成长和发展。

（1）不溺爱孩子，营造平等的家庭气氛。

很多父母太溺爱孩子，好吃的、好玩的都留给孩子。久而久之，他们习惯了独享最好的东西，自然不愿与他人分享。家庭生活需要形成一种“平等”的气氛，让孩子在“平等”的家庭环境中学会分享、愿意分享，能够亲身体验到分享的喜悦。

（2）从小教育孩子分享不是失去，而是得到。

孩子之所以不愿与人分享，是因为他们认为“分享就是失去”，因此拒绝与他人共享自己的物品。基于这种不舍得的心情，父母应该理解孩子，同时予以正确的疏导，让孩子意识到分享不是失去，而是得到友谊、信任等更有价值的东西。

（3）鼓励孩子分享的行为。

在父母的引导下，孩子会做出与人分享的行为。对此，要及时给予孩子鼓励，让他们意识到分享是一种值得赞赏的行为。同时，父母还要经常为孩子提供一些分享的机会，比如客人来了，让孩子把水果、糕点分给大家；让孩子将已经不适合穿的衣服送给年纪小的小朋友，等等。在这些行为中，孩子能够充分体会到分享的乐趣，从而愿意与人共享自己的物品。

第08章
儿童社交心理学
创造自由又有规矩的家庭风格

对孩子来说，他的舞台始终是社会，从父母、玩伴到同学，都是与人打交道的过程。显然，从小培养孩子与人相处和交往的能力，不仅有助于亲子沟通，也能提升孩子的社交商。

你的孩子有同情心吗

心理知识

人都有社会性的一面，必须遵守法律、道德规范的制约。孩子在成长的过程中，需要接受社会规范、依靠道德约束克制自己的攻击本能，培养同情心和爱心，才能学会与他人相处，发展友谊。

同情心是人类的重要情感之一，具有同情心的孩子更能体会他人的感受，更能包容、体谅他人，更容易建立良好的人际关系、拥有幸福的人生。同情心不是一朝形成的，需要长期的、潜移默化的熏陶，从外入内，在孩子的潜意识中形成。

心理故事

在一个温暖的午后，欢欢和爸爸在郊区的公园里散步。看着眼前鲜花灿烂、绿树成荫的迷人景致，他们有些流连忘返。

忽然，欢欢大叫道："爸爸，你看那边的老太太多好笑。"顺着女儿手指的方向望去，只见一位白发苍苍的老人穿着厚厚的冬衣，一只手扶拐杖，另一只手颤颤巍巍地要摘一朵花。

"年纪这么大了，还想摘花，看她的样子似乎走路都有些困难了。"听着女儿的话，爸爸脸上的微笑消失了。

随后，爸爸快步走到老人身边，问道："老人家，您想要做什么？我可以帮助您。"老人抬头看了看欢欢的爸爸，说道："我想摘一朵花，今天是我丈夫的生日，他瘫在床上 10 年了，不能出屋，就想看看春天的鲜花。"

听到这里，欢欢的爸爸将老人扶到座椅上，转身走到花丛中摘了一束美丽的鲜花，对老人说道："我送您回家吧。"老人点了点头。

晚上回到家，爸爸耐心地对欢欢说："天气那么热，那位老人还穿那么多，肯定是身体不好。她颤颤巍巍地想摘一束鲜花，随时可能摔倒，我们应该主动帮助这样的人，多一点同情心。"

欢欢默默地低下了头，她觉得爸爸批评得对，需要好好反省一下自己了。

心理指南

生活中，一些孩子不合群、不喜欢交朋友，这与他们内心世界缺乏友爱精神有很大关系。此外，有的孩子虐待小动物，或者欺侮弱小的人，则是一种充满攻击性的残忍行为，是缺乏同情心的表现。

父母一旦发现孩子表现出某种残忍行为，大可不必惊慌，也不要对他们过分斥责。一般来说，孩子年纪小的时候心理认知水平很低，道德观念也比较薄弱，所以父母应该对孩子加强善良情感方面的教育，培养孩子的爱心和同情心，从而压抑他们本能的攻击性。

有些孩子之所以很难与人相处，并且容易和对方发生矛盾，是因为他们对陌生的人和事充满芥蒂或敌意。对这种情况，父母要经常带孩子到朋友家、社区周围转转，让他和陌生人说话；在周末的时候，带孩子到动物园、自然博物馆去参观动物，或者到大自然中接触各种动植物，使孩子懂得动物是人类的朋友。这样一来，孩子就能开阔心胸，打开心扉与周围的人和事接触，在充满爱心的同时拥有一颗同情心。

有了这个基础，孩子才能大方地与小朋友打交道，在相互了解的基础上建立良好关系、发展友谊。而当朋友遇到困难的时候，则会伸出援助之手，给予对方必要的帮助；日后自己遇到挫折的时候，也会得到别人的大力支持。

尊重他人，就是尊重自己

心理知识

生活中，孩子控制力差，犯错难以避免。父母应该尊重孩子，给他们改正的机会，体会他们的心情，这样才能帮助他们进步、成功。更重要的是，孩子体验到了来自父母的尊重，也会以这样的做法和别人打交道，从而掌握了与人相处的技巧。

在内心深处，每个孩子都渴望被父母尊重，从而感受到家庭的关爱。反过来，他们也会更加爱父母，对家庭产生深深的眷恋。

心理故事

小凯经常和一帮朋友去外面玩，有时还旷课，结果期中考试成绩很不理想。其实，爸爸早就注意到小凯最近总是贪玩，是被一帮同学带坏了。妈妈和爸爸商量，要给小凯点“厉害”尝尝，但是爸爸坚决不同意。

有一天，小凯放学回到家，发现妈妈做了一桌饭菜，客厅里还放着一个游戏机。这时，爸爸走过来说：“小凯，今天是你的生日，妈妈给你做了一顿好吃的，我们还给你买了一个游戏机，作为生日礼物送给你。生日快乐！”

原来，爸爸了解到小凯经常和同学去网吧里玩游戏，所以才影响了学习。爸爸想了许久，决定给孩子买一个游戏机，让他在闲暇的时候在家里玩，这样能够劳逸结合。至此，小凯明白了爸爸妈妈的心思，看着他们期待的眼神，他下决心要把学习成绩提上去。

后来，小凯努力改变自己，又成为同学中的佼佼者。爸爸开怀地笑了，说儿子是他的骄傲。小凯看着爸爸的笑容，知道那是父母对自己成功的赞赏，就说："都是你的游戏机让我放松了，才学习得更好啊！"一家人全笑了。

心理指南

尊重他人，遵守必要的规则，表面上看是一种利他行为——让他人享受到了被尊重的荣耀。实际上，尊重他人就是尊重自己，因为对方也会以友好的态度回应，实现了良性的人际互动。

一些父母在家庭教育中总是遭遇挫折，一个重要问题就是不懂得尊重孩子，总是高高在上对孩子发号施令。而孩子失去基本的自尊，很容易自暴自弃，陷入恶性循环中。那些不被他人尊重的孩子通常会说"我想怎么做就怎么做，用不着考虑别人怎么想"，"出了问题我自己负责"，"我认了，不用你们管"。

所以，面对孩子的我行我素，父母也要反省自己的言行，避免把孩子逼上绝境。人与人都是相互影响的，父母与孩子之间存在着长幼关系，但是也要做到彼此尊重。父母要意识到，"尊重"本身是一种态度，没有高低上下之分，大人对小孩，小孩对大人，都有独特的尊重方式。只有学会尊重他人，才能建立信任关系，实现良好沟通。在家庭里是这样，在社会上同样如此。

（1）父母要让孩子学会与人打交道的礼仪。见面打招呼的时候要采用恰当的称呼，与人说话的时候不盛气凌人，这些都是与人打交道最基本的技巧。父母要让孩子区分环境的不同、交往对象的不同，从而确定自己的言行。

（2）让孩子懂得，"开玩笑"要掌握分寸。有密切关系的交往，说一些轻松的话题能增加气氛。但是孩子控制能力差，往往分不好轻重，常常说出一些过头的话，让对方有不被尊重的感觉，或者让人感觉到傲慢。所以，父母要告诉孩子不能开过火的玩笑。

（3）让孩子学会道歉的艺术。生活中与他人发生误会的时候，影响到别人的时候，孩子要学会道歉。比如，路上一不小心撞了对面走来的人，就要主动道歉，这也是尊重对方的做法。反之，孩子不仅不道歉，还说一些过激的话，会让矛盾激化，引发严重后果。

让孩子发现身边每个人的优点

心理知识

人们对身边的人，最容易产生心理认同。孩子在成长过程中，需要把眼光投放到身边的人和事上来，从距离自己最近的人和事上学习成功的经验、借鉴失败的教训，获得真实、感性的体验。

有的孩子抱有不切实际的幻想，轻视身边的人和事，甚至不能和身边的人搞好关系；结果，当自己遇到困难的时候，就不会有人伸出友谊之手，更不要说向对方求教问题了。

心理故事

一位大学生毕业后，进入一企业从事销售工作。在短短三年的时间里，他从一名普通销售员升任为销售部门的负责人。

与人打交道并不是一件容易的事情，这位年轻人之所以能够取得出色的成绩，是因为他善于观察对方，善于发现每个人的优点，从而融洽地与对方相处；同时，通过发现对方身上的优点，他还学习到了对方的长处，大大提升了自己的知识水平和人际交往能力。

原来，他从小就接收父母的教导，懂得与身边的小朋友融洽相处。父母告诉他，玩具、美食都容易得到，他人身上的优点最难学到，也是你最应该发现、借鉴的东西。因此，他从小就有一颗广博的心胸，善于发现身边人的优点，自然也容易赢得友谊。

心理指南

孩子与人相处的过程中，注意观察对方的优点，就容易成长和进步。为此，父母要注意培养孩子的观察能力，引导孩子学会观察、正确观察、有效观察。

在教育研究中，孩子的观察能力是智力的重要组成部分。有一个通俗的比喻，“观察是聪明的眼睛”。的确，没有敏锐的观察力，就谈不上聪明；聪明的孩子，一定是善于观察世界的。

有时候，父母花费各种心思教孩子掌握各种技能和知识，结果效果非常小。其中一个重要原因就是，没有让孩子掌握观察的技巧，提升他们的观察能力。所以，想要让孩子从身边的人那里学到有价值的东西，首先要让他们学会“观察”。

根据孩子的年龄段，父母应该采取下面有针对性的措施：

（1）孩子3—4岁的时候，父母要给孩子指定观察的任务。在具体观察时，孩子往往会由于某些无关细节的吸引而忘记需要观察的东西。这样一来，孩子就很难把握事物的内在联系，也难以持续观察下去。所以，父母让孩子观察指定的对象，需要引导他们从大局入手去把握。比如，观察刚进门的客人有什么特点。

（2）孩子5—7岁的时候，父母要让孩子学会理性观察。这个年龄段的孩子观察事物时缺乏计划性，并且带有很大的情绪性。他们常常为了一些新鲜、刺激的事物兴奋异常，而当他们对所观察的事物不感兴趣时，则会表现出不耐烦的情绪。所以，父母要让孩子学会理性观察和思考，避免表面上装出用心的样子，而实际上心不在焉。比如，通过和客人交谈，发现对方身上的优点。

（3）孩子10—13岁的时候，父母要让孩子直接观察对方确定的目标。这时候，孩子的生活经验已经比较丰富了，所以应该学会系统、有顺序地观察某一事物。父母要让孩子快速观察到对方的突出特点，做到心中有数。比如，在与客人会面的时候，要掌握对方的特点，从而恰当得体地与对方交谈下去，避免出现冷场。

通过有针对性的训练，孩子才能有意识地掌握观察人的能力，从而在日后与人交往时准确判断对方的特点，发现对方的优点，为我所用。当孩子学会观察人、善于观察人的时候，他们就对整个世界充满了探索精神，从身边的朋友身上找到自己的缺点和优点，真正做到取长补短；同时，还能融洽地和对方相处，掌握与人打交道的本领。

请孩子多谈谈自己的感受

心理知识

在各种压力的作用下，父母很难做到不把负面情绪传递给孩子，比如对孩子没有耐心、总是控制不住地吼孩子。事实上，孩子不是父母的私有物品，不可能完全听从父母的安排。如果忽视孩子的感受，盲目要求孩子听话，本身就是一件荒谬的事情。

生活中的亲子沟通随处可见，但是父母能否走进孩子的内心深处，令人怀疑。孩子语言表达能力不足，处于“弱势”，说出心里真实的感受几乎成了难事。父母们习惯将自己的观点、要求“填鸭式”地灌输给孩子，然后强制他们接受，已经背离了孩子的认知规律。

多听听孩子的心声，亲子沟通才能变得越来越顺畅，否则孩子越来越封闭自己，其表达能力、社交能力都会受到抑制，严重影响孩子社交能力的培养。

心理故事

小兰的妈妈是一名会计，由于财务工作的特殊性质，工作人员必须时刻保持谨慎、专注，不能出一点儿差错。小兰的妈妈也是如此，每天都保持着高度注意力，一天下来早已精疲力竭，提不起半点儿精神。

这一天，妈妈回到家，只想静静地放松一下。可是，小兰一天没见到妈妈了，走过来纠缠着妈妈讲故事。

“妈妈，你陪我一会儿嘛，给我讲个故事吧！”小兰摇着妈妈的胳膊，乞求道。

“好孩子，听话，自己玩一会儿。妈妈工作一天，有些累了。”妈妈勉强睁开眼睛，对孩子说道。

“不嘛，不嘛，就让妈妈讲故事。”小兰开始执拗起来。

妈妈有些不耐烦了，“有完没完，能不能安静会儿，妈妈已经很累了，你怎么不懂体谅别人？去旁边自己玩儿。”

看着妈妈生气的样子，小兰安静下来，小声说道：“那好，妈妈你休息吧！”说完，小兰红着眼圈走开了。

妈妈看到孩子有些委屈，有些后悔自己刚才的行为。她提了提精神，走到孩子身边，说道：“宝贝，对不起，妈妈不应该那样大声吼你。一天没有见到妈妈了，想让妈妈陪你一会儿，对吧？”

“嗯，我就是喜欢妈妈，才想让妈妈陪的。”小兰委屈地说道，眼泪竟然不由自主地掉下来了。

妈妈笑了笑，将孩子抱起来，说："其实妈妈只是有些累了，休息一下也很想和小兰玩儿。"

"是吗？妈妈，你刚才那样吼我，我还以为你不喜欢我呢。"小兰说道。

听到孩子这样说，妈妈吓了一跳，她怎么也没有想到自己吼了孩子几声，孩子竟然产生了这样的想法，幸亏今天主动和孩子谈心了，否则时间长了，不知道孩子的心理会扭曲成什么样子。

于是，妈妈连忙解释："宝贝，你是妈妈唯一的孩子，妈妈永远都喜欢你。即使妈妈对你吼叫了，心里也是喜欢你的。这一点，你记住了，永远不要怀疑。"

"妈妈，我知道了。可是我如果不听话了，也是喜欢我的。"小兰语无伦次地表达着自己内心的感受。虽然语句不通，可是妈妈听懂了孩子的意思。

心理指南

通过正确引导，让孩子说出内心的真实感受，更容易建立有效的亲子沟通模式。生活中，孩子说得越多，父母对孩子的了解就越深刻，从而对孩子的关心和教育更具体，也更有效果。

（1）耐心听孩子讲话，中途不要插话。

很多父母聆听孩子讲话时，习惯在中途迫不及待地插话，打断对方说话。这是对孩子不尊重的表现，孩子想说的话没有说完，憋在心里会很不舒服。如果父母习惯这样做，孩子会丧失表达的积极性和信心。当孩子讲话时，父母要控制想插嘴的冲动，耐心听孩子讲完。

（2）当孩子闹情绪时，父母要保持沉默。

美国家庭教育专家帕蒂·惠芙乐认为，孩子每一个"非正常"表现的背后都有一个正当的理由，他们是在发泄精神或身体上的创伤所引起的负面情绪。因此，孩子发泄情绪时，父母不要打断孩子，应保持沉默，静静倾听孩子的倾诉。此时此刻，孩子根本听不进去什么大道理。

（3）聆听孩子的委屈，帮他们排解忧虑。

孩子受了委屈，希望向父母倾诉。这时父母一定要耐心倾听，不要打断孩子，要让他们把委屈的情绪发泄出来。孩子在倾诉的过程中，也在思考、判断，时刻关注着父母的表现。此外，孩子哭泣也是一种发泄委屈的方式。父母要允许孩子哭泣，不管是男孩还是女孩，切记斥责孩子“不许哭”。否则孩子封闭自己，不再向父母敞开心扉，那才是悲剧的开始。

做个会招待客人的小主人

心理知识

在谈到家庭教育的时候，许多父母往往离不开孩子的学习，忽视了孩子在为人处世方面的努力。结果，许多孩子成绩优异，但是不懂得如何与人打交道；从小的方面说，孩子不懂事，往大的方面说，可能影响到孩子日后的发展。

让孩子学会招待客人，不但能让他们掌握与人相处的技巧，父母还能在整个过程中观察孩子的行为，了解他们的心理，从而有针对性地进行家庭教育。

心理故事

马丽有一个 7 岁的儿子，以前她只关心孩子的学习，把辅导功课、检查作业当作教育孩子的主要任务。后来，丈夫提醒她，要重视孩子学习课本以外的知识，对人情世故也应该有所了解。这时，马丽才注意到，几年前很喜欢说话的儿子言语越来越少了，有时候家里来了熟人也懒得打招呼，显得非常冷淡。

这怎么行呢？人生活在这个世界上必然要与各种人打交道，孩子不懂得必要的人情世故将来会寸步难行。于是，马丽开始有意识地让孩子与人接触，家里来了客人教给他各种礼仪知识，甚至一有机会就带他到朋友家做客。

果然，儿子经过一段时间的训练，又恢复了往日灿烂的笑容，变得开朗活泼了。许多人对马丽说，你的儿子懂事了，真是教子有方啊。马丽听了，心里高兴极了。

心理指南

孩子终究有一天会走出家庭，进入更广阔的发展天地。然而，进入一个新环境，需要掌握相应的做人处世技能。所以，父母要注意在平时教给孩子招待客人的技巧，培养孩子待人接物的本领。

“招待客人”是一门学问，包括招待谁、对方的期望是什么、有什么目的等。这需要父母在日常生活中对孩子耳提面授，让他们从点滴之间学习。一般来说，掌握以下的待客原则是很有必要的：

（1）在客人到达以前，要事先进行充分的准备，包括把房间收拾整洁。同时，也要把自己整理一番。客人来访时，如果主人蓬头垢面、穿着不整洁，那将是失礼的行为。

（2）迎接客人进屋以后，要主动帮着客人放衣物，并引导客人坐在合适的位置上。要避免把客人的礼品当场打开，或者随意翻动。总之，尊重客人才是上策。

（3）主动询问客人喜欢喝什么饮料，并立刻双手呈上；然后大方地与客人交谈。如果客人与其他家庭成员谈话，也要仔细聆听，而不能心不在焉。

（4）当客人离开时，要有礼貌地加以挽留，最后送客人时要陪同走一段距离，并主动说“再见”、“欢迎再来”等。

上面是招待客人的一般礼仪，父母在此基础上还要教给孩子一些更加细节化的东西，才能更好地赢得客人的满意，让孩子成为一个懂事、有礼貌的人。

需要注意的是，除了让孩子从事力所能及的活动外，比如端茶倒水，摆放食品，父母要重点让孩子学会与客人交谈、展开话题。首先，要对客人保持礼貌的态度，面带微笑；其次，对客人的提问，要让孩子大方、认真地回答；再次，当父母与客人交谈时，不要让孩子随便插嘴、吵闹，更不能对客人评头论足。

帮孩子掌握选择朋友的方法

心理知识

在孩子的认知里，外面的世界很精彩；他们不知道的是，外面的世界也充满了危险。到了一定年龄，孩子渴望结识新朋友，父母需要做的是正确引导。

一方面，父母要让孩子保持开放、包容的心态，与同学交朋友，建立友谊；另一方面，还要引导孩子意识到外面各种潜在的风险，与人交往时学会保护自己。

心理故事

有一天下午放学后，下起了大雨。赵亮回到家里，发现奶奶买菜还没回来，就急忙给爸爸妈妈打电话，然后穿上雨衣去外面找奶奶。

刚走出门，只见一个警察叔叔和一个与自己年纪相仿的男孩搀着奶奶走过来。原来，奶奶回家的时候下起了大雨，因为急着赶路，一不小心跌倒了；幸亏这位男孩拦住了警察叔叔的车，才把奶奶及时送回家。还好，奶奶伤得不重，没什么大碍。

赵亮急忙把他们让进屋里，连连表示感谢。通过聊天，赵亮得知，原来这个男孩和自己住在同一个小区。赵亮非常高兴，从此和这个男孩成了知心朋友。

心理指南

任何一个人都离不开与外界打交道，但是复杂的生活存在着善恶、美丑。父母应该鼓励孩子积极接触外面的世界，让他们多和人接触，但是前提是必须学会选择、判断，掌握交朋友的科学方法。

研究孩子的成长案例，结合生活实际，父母教孩子学会交朋友，需要注意以下几个方面：

（1）让孩子学会观察，和那些品质优秀的人交朋友。

生活中，人们的思想、品质都体现在一言一行之中，因此父母要让孩子学会观察生活，有一颗发现的眼睛。对一个人有了深入了解后，就可以选择那些品质优秀的人交朋友，从而受益良多。

（2）“马路朋友”不能随便交，必须周密考察。

随着年龄的增长，孩子接触的人越来越多。对那些萍水相逢的人，有时候一见如故，谈得非常投机，那么是不是可以马上和他成为知心朋友呢？对此，父母要教育孩子保留几分警惕。因为人与人的交往不是一下子完成的，大家都要有一个熟悉和深入了解的过程。

孩子涉世未深，社会经验较少，还不善于分辨特殊情况下的世态人情，被坏人欺骗而上当的事情经常发生。所以，结识了那些不熟悉的人，必须进行周密考察，让时间证明一切。

（3）交朋友没有年龄限制，隔代人也能成为好朋友。

“代沟”是一个热烈的话题，父母往往对此深有体会。两代人想不到一块，说不到一块，也玩不到一块，的确存在这种情况。但是，人与人之间没有解不开的疙瘩，只要沟通好了，方法得当，年龄并不能成为两代人之间的阻隔。

因此，一方面，父母要掌握良好的沟通方法，了解孩子的心理，克制自己的冲动，努力和孩子成为好朋友；另一方面，父母还要引导孩子如何与那些年长的人打交道，并和他们成为好朋友。

孩子为何经常与他人发生冲突

心理知识

孩子在社会化的过程中，对外关系逐渐由亲子关系向同伴关系转移。随着接触的空间逐渐扩大，他们经常与外界发生这样或那样的冲突。为什么孩子聚到一起就冲突不断呢？

心理学认为，孩子之间的矛盾由其自身的认知发展水平决定。孩子3–6岁的时候，意识上主要还是以自我为中心，不会站在他人的角度考虑问题，也没有学会接受他人的意见和想法，因此容易发生冲突。8岁后，孩子开始懂事，这种情况会逐渐减少。

心理故事

熙熙3岁的时候，就因为咬人在邻居间比较出名。每次与邻居家的小伙伴玩时，他遇到不顺心的事就咬人，结果邻居不敢带孩子跟他玩了，身边少了许多小伙伴。

后来上了幼儿园，熙熙也经常咬伤别人，经常有家长找上门里来理论。有时候，他连老师也不放过。有一次，老师给熙熙分了一个比较小的苹果，结果被他狠狠地咬了一口。

熙熙 5 岁了，已经成了标准的“问题孩子”。现在，他在幼儿园里经常打架，让老师和父母都头疼不已。

心理指南

父母对孩子过度溺爱，导致“问题孩子”越来越多。他们经常因为一些小事而和小朋友发生冲突，动手打架。如果不及时纠正孩子的这种行为，时间长了不仅会让孩子被身边的小伙伴排斥，影响其社交能力的发展，而且还会越来越不合群，心理上也变得孤僻。

那么，应该如何应对孩子的冲突行为呢？

（1）冲突发生后立刻做出反应。

一旦看到孩子对小伙伴做出攻击性行为，尽量立刻做出反应。父母可以把孩子带走，实施短暂的隔离。对一个 4–5 岁的孩子来说，隔离三四分钟就可以了。这样做的目的是为了让孩子把自己的行为和结果联系起来，认识到打人或咬人后就不能继续和小伙伴一起玩了。

需要牢记的是，父母朋友们不管自己当时多么生气，都不要对孩子大喊大叫，或者动手打孩子。这样做会让孩子进一步模仿你的行为，而无助于纠正自己的言行。

（2）坚持一贯的原则化解冲突。

父母要尽可能用一种方式对待孩子的冲突行为。只要坚持多次运用同样的方法，就可以迅速建立一套被孩子认识和接受的规则。做了错事就要接收惩罚——这是孩子开始控制自己行为的第一步。哪怕在公共场合，孩子做了错事，父母也要坚持这些原则。

（3）及时和孩子沟通，帮助他们建立理性思维。

在冲突过后，孩子冷静下来，父母要心平气跟孩子讨论一下刚才发生的事情。通常，时间选在冲突发生后30分钟到1小时之间。这时候，孩子心情比较平静，而且还没忘记整件事情。

我们可以问问孩子，为什么突然发脾气，并告诉孩子有时候生气是很正常的，但是无论如何都不应该推人、打人、踢人或咬人。请告诉孩子，还有其他更好的方法发泄愤怒，比如踢球、用拳头敲打枕头、找大人调解，哪怕只是说出自己的感受。

（4）正确理解幼儿发生冲突的合理性。

陈鹤琴先生说过："吵吵闹闹是上帝赐予孩子的礼物，孩子们在吵闹中长身体，长智力……"孩子之间发生冲突的过程也是他们不断学习的过程，对其融入社会生活有着独特的价值。孩子之间发生冲突，最后又由孩子独立地解决问题，那种成就感是家长或老师的言语教育和行为指导无法取代的。

孩子有社交恐惧症怎么办

心理知识

有的孩子怕见陌生人，在陌生环境中表现得过分害羞，甚至与熟人谈话时也紧张、脸红。孩子对新环境或陌生人产生恐惧和焦虑情绪，并刻意回避，这种行为被称为"儿童社交恐惧症"。

原因在于，孩子缺乏独立的生存能力和社交经验，一旦离开父母独自面对陌生人就会变得焦虑和不安。随着和陌生人交往次数的增加，大多数孩子会逐渐降低焦虑感，最终熟练地与人交流。如果孩子长时间、反复出现持续的焦虑情绪和回避行为，表明他存在不同程度的社交障碍。

心理故事

春天来了，嘟嘟的妈妈和几个朋友约好周末带孩子去植物园游玩。听说到植物园玩儿，嘟嘟高兴得跳起来。周末还没到，她就开始追问妈妈："我要带什么东西？""妈妈，在植物园我能看到小蜜蜂采花蜜吗？"

周末早晨，嘟嘟背着一个装满零食、水、小人书的小包跟着妈妈出发了。一路上，她不停地问："妈妈，你的包包重不重，我来帮你吧？"周围人纷纷羡慕嘟嘟的妈妈有福气，女儿这么小，就已经是一个贴心的小棉袄了。

到了植物园门口，妈妈的朋友带着孩子集合了。大家聚到一起，场面顿时就失控了，几个年纪相仿的孩子很快玩到一起。但是，嘟嘟的妈妈发现，女儿一直站在自己身边，没有加入到这场聚会中。

"嘟嘟，怎么不和大家玩儿？"妈妈问道。

嘟嘟摇了摇头，拉着妈妈的手走到人少的地方，然后说："妈妈，我想到那边玩儿。"几个阿姨看到这种情形，纷纷让自己的孩子和嘟嘟玩儿，但是嘟嘟对谁都不搭理。

一天下来，她几乎一直呆在妈妈身边，紧紧地抓着妈妈的手不放。哪怕妈妈上厕所，她也会跟进去。开始期盼着出来玩儿，见到小朋友却无法融入其中，嘟嘟的妈妈很纠结：孩子这么胆小，不敢和其他人交流，这可怎么办呢？

心理指南

有的孩子不愿到人多热闹的场合，比如幼儿园、游乐场、公园、商场，否则会感到恐慌、紧张，出现哭闹、不语、退缩等现象。这与孩子的性格有很大关系，也与封闭的家庭环境有关。

为此，在生活中教育孩子的时候，父母应该对它们采取宽容的态度，不必对孩子过于严格，防止他们做事畏首畏尾。此外，别过分疼爱或放纵孩子，应该让孩子懂得做事的规则，主动适应新环境，学会与陌生人相处。

如果发现孩子存在社交恐惧的倾向，父母一定要注意开导，这里给大家介绍几种方法：

（1）对孩子进行赏识教育。

每天睡觉前跟孩子说，你是最棒的，你很聪明，只要你肯努力，保持积极乐观的心态，就一定会发现生活的美好。此外，可以让孩子在睡前和早起时找一个地方，大声告诉自己："我能行，我一定行！"

（2）多带孩子参加集体活动。

对于那些不能主动参加集体活动的孩子，父母可以带孩子出去见世面，让他们感受到集体活动的乐趣。通常，孩子与人接触多了，就能慢慢体会到与人交往的技巧，也能从中发现交朋友的乐趣。

（3）寻求医生帮助。

如果孩子一直拒绝与人交往，那就应该向医生寻求帮助，从心理方面给予孩子帮助。听从医生的建议，制定一个适合孩子的心理疗法，有助于孩子打开封闭的心灵，把更多人请进自己的世界。

第09章
儿童成长心理学
陪孩子度过敏感期和叛逆期

孩子长大的过程，不仅是身高的增加、知识的增长，更是心理成长的过程。陪孩子度过敏感期和叛逆期，帮助他们在心理上重新认识自己、改变自己，有助于跨越成长的烦恼。

孩子成长最需要什么

心理知识

身为父母，责任重大——我们不仅要为孩子提供生活所必须的物质条件，还要在精神、心理上给他们提供动力、安慰、自由。没有人怀疑父母对孩子的爱，但是有的父母把孩子看成自己的所有物，想当然地以自己的意志教育孩子，这不但不能实现春风化雨般的家庭教育，还使许多父母忽视了孩子成长中的心理需求。

在家庭教育中，存在这样的误区：父母发现孩子的缺点，告诉他什么地方不行；父母过分看重孩子的分数，忽视了对孩子心灵的关注，等等。也就是说，父母不善于站在孩子的角度思考问题，完全以成人的视角教育孩子，会对孩子的成长带来很大危害。

心理故事

多年前，郑渊洁毅然把儿子郑亚旗从小学接回家中，自己编写教材，为孩子上课。当时，有人认为郑渊洁疯了，还有人认为他在做秀。促使郑渊洁这样做的原因是，学校教育注重形式化，没有给孩子人性化的教育主题。

郑渊洁解释说，他帮孩子写的作文在老师那里全都不及格，而家里保姆写的作文却被老师评为范文。于是，他就对学校的教学产生了怀疑。在郑渊洁看来，老师教作文有一个框框，学生不能超出预先设定的范畴，结果只能扼杀了孩子的想象力。对孩子过早进行这种教育，必然对他们探索世界的精神给予沉重打击。

郑渊洁的做法是一个特例，却反映出当今学校教育、家庭教育的种种不尽如人意的地方。父母朋友应该问问自己，是不是为了教育孩子而教育他们，是不是体验到孩子的内心需求，自己还有哪些需要改进的地方？

心理指南

孩子成长是一个不断变化的过程，从0岁到18岁，孩子每天都在长大，不但身高逐渐增加，心灵的成长也跟随时间的脚步前进。所以，父母必须重视孩子成长过程中的每一个“关节点”，主动跟随这些节点调整家庭教育的方式方法和主题，才能最大程度上满足孩子身心的需求。

比如，三岁的时候，是孩子养成良好习惯的时候，父母就要注意引导孩子养成良好的吃饭、说话习惯，给他们树立榜样；六岁的时候，是孩子养成良好学习习惯的时期，父母就要引导孩子学会有计划地学习。

总之，教育孩子无小事，父母要从孩子身边最常见、最具体的实例出发，对其严加要求，严格训练。当父母在孩子不同的成长阶段，为他们提供恰当的身心教育时，孩子就能健康、快乐成长，使自身潜能得到充分发挥，真正成为一名合格、健康的社会人。

（1）父母必须保证孩子接受学校教育，不能让他们失学。在现代社会里，学校教育是孩子成长的必经阶段，父母要保证孩子上学。在这里，父母不能因为家庭经济基础不好、孩子厌学，就纵容他们失学。

（2）父母要努力把孩子培养成人格独立、身心健康的个体。一方面，父母要在人格上尊重孩子，给他们自由成长的空间，另一方面，父母要为孩子树立好榜样，引导他们培养良好的品德、养成良好的习惯，真正起到“润物细无声”的作用。

引导孩子说“我会自己想”

心理知识

对自己不知道的事物，既不可轻信，也不可不信。轻信他人的话，就会让自己失去独立思考的能力，甚至传递错误的消息；如果不相信他人的意见，又会让自己闭塞起来，得不到丰富的信息。

生活中，孩子处理身边的事物时也常常举棋不定。在教育孩子面对外界信息和事物的时候，应该让他们学会分析判断，必要的时候进行调查研究。这样一来，孩子才能成为一个有主见的人，学会正确判断，掌握自己的学习和生活。

心理故事

李小菲是3年级的学生，数学知识特别好，被选为学校的代表和其他几个同学参加市里的数学竞赛。爸爸和妈妈非常高兴，为她准备了行囊。但是，最近班里有人对李小菲议论纷纷，说她“出风头”、“不照照镜子，看看自己是不是那块料”，本来就有点内向的她听了这些风言风语，不禁犹豫起来。李小菲早就担心自己能不能取得好成绩，如果比赛回来成绩不好，那多没面子啊。

陷入焦虑的李小菲最终向学校提出退出竞赛。可是，又有人议论她是“胆小鬼”、“根本就不能胜任数学竞赛”。而老师在了解到情况后，也劝她不要有顾虑，重要的是积极参与。受到鼓舞的李小菲于是又决定参加竞赛。谁知道，又有人说：“她代表咱们学校去竞赛，如果失败了，看她怎么面对大家？”

就这样来来回回折腾了好几次，李小菲最终宣布彻底退出竞赛，不久还病了一场。李小菲不善于在关键时刻“独断”，结果丧失了难得的竞赛机会，而犹豫不决的个性则扰乱了她的心性，影响到正常的学习和生活。

心理指南

孩子在成长过程中，必须培养有主见的个性。特别是在一些关键问题上，进行最后决策的时候，孩子更要依靠自己的判断进行取舍，而不能盲目听从他人的见解；否则，不能形成一个准确的判断，任何事情都无从进展。

父母要从小注意培养孩子独立思考问题、正确决策的习惯，帮助他们掌握决策的技巧，让孩子学会“我会自己想”。

在鼓励孩子独立思考方面，父母有很多事情可以做，最简单的就是倾听孩子叙述自己的想法。尽管孩子的想法常常是天真、幼稚甚至可笑的，但是父母一定要克制自己纠正孩子意见的想法，而应抓住孩子谈话中有趣的、有见解的论点，鼓励他们深入阐述下去，让孩子获得思考的乐趣，增强他们探索的信心，并培养孩子有主见的个性。

一般来说，孩子迈出第一步都是需要勇气的。在这里，父母要培养孩子独立思考的习惯和自信心，才能让孩子善于思考问题，敢于大胆想像。

比如，父母要鼓励孩子编故事，讲故事。美国著名的儿童智力发展研究专家——简·海丽特在《如何更聪明》这本书中认为：“鼓励孩子编故事对孩子不仅是一种语言训练，更重要的是帮助孩子运用自己的想像与推理能力，得到出人意料的结论。”

此外，父母还要给孩子各种“表演”的机会，让他们多参加各种集体活动。孩子如果生性腼腆，羞于出头露面，那么他们就难以表达个人想法，甚至产生自卑心理。在这种情况下，父母可以让孩子多参加一些业余的表演训练，以及学校组织的演出，或者家庭举行的歌唱晚会，从而增强孩子表达的自信。

关于这一点，是有心理学依据的。心理学家特别提出："表演对增强人的自信与自在能力有重要作用。"

如何培养孩子自我纠错的能力

心理知识

许多孩子认为，学习、生活上犯错不值得小题大做，这并不是什么大不了的事。听到父母催促，他们压根就不认为自己错了，因此常常反抗父母的管教，或者表面上顺从行动上坚决不改。这也往往是令很多父母大动肝火的重要原因之一。

谁也不能陪伴孩子一生，除了他们自己，所以最明智的教育不是处处挑孩子的错处，督促孩子改正，而是让孩子拥有自我纠错的能力。

心理故事

小雨已经上小学4年级了，可是每天早晨起床都要等着妈妈喊。通常，妈妈一边做早饭、帮孩子收拾书包，一边叫小雨起床。接着，给迷迷糊糊的小雨穿衣服、洗脸刷牙。最后，根本来不及吃早饭，只能匆匆忙忙带好早饭，赶紧送孩子去学校。

针对小雨不起床的问题，妈妈反复强调"迟到"的各种坏处，但是根本无济于事。有时候，小雨甚至对妈妈恶语相向："你怎么这么烦啊！""我就不起床，怎么着？"这让妈妈十分受伤。

有一次，小雨的妈妈向邻居请教孩子上学不迟到的秘诀。对方回答："我哪有什么秘诀呀！上学本来就是孩子自己的事，他自己不着急，我急有什么用。迟到几次，被老师批评了，自己就知道错了，以后自然而然就知道按时起床了。”

当天晚上，小雨的妈妈特意声明，明天绝对不会再喊小雨起床，让他自己定闹钟，迟到也是他自己的责任。妈妈一反常态，小雨十分高兴。第二天，他和往常一样很晚才上床睡觉，一睁眼居然都 8 点了。

结果，小雨第一次上学迟到了。教室里，老师在讲课，学生们都安安静静地坐着，小雨站在门口，好不容易鼓起勇气喊“报告”，声音太小，老师根本没听见。最终，小雨因为迟到被老师批评了，而且进门的时候被全班同学注视。那一刻，他感受到了前所未有的压力。

自此以后，小雨深刻认识到了自己“赖床”的问题，开始有意识地早睡早起，改变以往晚睡晚起的恶习，毕竟他不想天天因为迟到被老师批评。

心理指南

孩子晚上不早睡、书包乱、书桌乱七八糟、不按时完成作业、做事拖拉……很多父母都在为孩子犯错发愁，其实批评、督促孩子改正错误并不是最有效的教育办法，让孩子认识到自己的错误和问题，拥有自我管理能力，才能从根本上解决问题。

（1）允许孩子犯错，督促他们积极改正。

想让孩子懂得自己纠正错误，就要允许他们犯错。孩子犯错后不要急着为其善后，请给他们空间和时间，让孩子试着自己处理问题，父母在一旁指导即可。

（2）引导孩子养成独立解决问题的能力。

孩子从出生那一刻开始就是一个独立的个体，父母千万不要在生活、学习等方面“指挥”孩子做事。优秀的父母是孩子生命里的摆渡人，懂得用平等的态度尊重孩子，理解他们的想法、做法，让他们在跌跌撞撞的实践中树立起自我管理的能力。

（3）帮助孩子成长，而不是指责或代劳。

不管孩子写作业慢，还是书桌凌乱，请不要着急，更不要直接批评孩子，也不必代替孩子做事。批评指责会打击孩子的主动性和积极性，代劳会毁了孩子。通常，替孩子做得越多，孩子的自我管理能力就会越差。

帮孩子跨越成长的烦恼

心理知识

在生活中除了积极奋进外，还要注意消除那些不合理的欲望，进入理性的世界中，这样才能知足常乐，生活得更幸福。

对孩子来说，他们面临着强大的学习和竞争压力，如果得不到及时的心理干预，很可能引发心理疾病，甚至出现离家出走、自残等行为。所以，父母要注意孩子的心理变化，学会关爱他们，并让他们掌握自我心理调节的技巧，通过做好“情绪辅导”的功课，顺利跨越成长的烦恼。

心理故事

多年前，一位小学生王某坠楼身亡。当地公安部门通过立案侦察，把这件事定性为自杀事件。王某在同学老师眼中堪称优秀的学生，为什么会跳楼自杀呢?

根据同学们的说法，王某学习非常刻苦，自觉性也很强，在班里的学习成绩一直非常优秀。但是，他性格内向，不太爱讲话。而在自杀前，老师和学生都没有发现他有任何异常的行为。后来，人们发现了王某的日记，知道了这个孩子内心的秘密。从日记中，人们发现王某流露着自杀的倾向，并且长时间以来内心充满了矛盾与痛楚。

其中，有一篇日记是这样写的："距中考只有 86 天了，时间紧迫，还有太多的事没有完成，还有太多的考试题目没有做……爸爸妈妈只给我钱花，从来不关心我想些什么。生活真没意思……"

王某的父母面对儿子的离去，悲痛欲绝。他们通过反思承认："孩子的死与学习压力太大有关，也与自己对孩子的望望过高分不开。孩子从小到大都很听话，从来不让我们操心。他需要什么，我们都尽量满足。但是，学校和家长只抓学习成绩，很少关心孩子的内心世界。"

心理指南

在父母眼里，孩子没有社会压力和经济负担，应该是快乐的。事实上，孩子和大人一样，也有喜怒哀乐，会产生一些不良情绪和刺激。在我们身边，许多孩子遭遇了成长的烦恼，变得焦虑紧张，带来严重的心理问题。

比如，孩子在繁忙的学习中，很容易产生紧张情绪，而这对他们的内心世界和情感是有害的。一般来说，大人产生紧张、疲惫情绪时，会自我调节，通过在生活中培养兴趣、参加聚会等，让生活变得激动人心和快乐。但是，孩子并不能掌握消除紧张的方法，所以他们常常需要父母的帮助。如果处理不好不良的情绪，孩子就会在心理上陷入沮丧和悲伤状态，并且可以持续几个月，甚至更长的时间。

随着年龄增大，孩子的成长烦恼也会增加。父母只一味地抓学习成绩是不行的，要多关心他们的身心健康。在家庭教育中，一定要做好心理教育，不能对孩子默然不关心，甚至刻意给他们施加压力。如果父母不能帮助孩子走出心理障碍，就要带他们到医院检查，求助心理医生。

读懂“叛逆”背后的真相

心理知识

对待孩子的叛逆，人们往往想着怎么去改变，而实际上叛逆中往往有极其宝贵的品质，比如独立的眼光、真理的追求、独特的创造、鲜明的个性等。因此，能够对叛逆中的宝贵品质发现和尊重，才是真正的教育。也只有这样做，才能改掉孩子叛逆中的劣质。

孩子出现叛逆的苗头，父母不要如临大敌，需要从心理上分析孩子为什么会出现这种倾向，背后的原因是什么。唯有掌握了孩子叛逆的真相，父母们才能正确把握孩子的心理变化，从而采取有效措施帮助他们成长。

心理故事

小杰已经 11 岁了，遇事经常自己拿主意了。他非常喜欢跆拳道，几年坚持下来已经练到黑带了。他经常参加一些相关的比赛，希望有朝一日可以在跆拳道方面有所作为。

可是，爸爸不这么想。随着小杰学习任务的加重，爸爸开始限制儿子在跆拳道方面花费的时间和精力，经常阻止他参加一些比赛。爸爸认为这样做会耽误学习，结果双方的矛盾越来越难以调和。

有一次，小杰又提出参加一项比赛。爸爸丝毫没有考虑，一口回绝了小杰。他非常气愤，指责爸爸专横、不讲道理。于是，父子二人吵了起来。一气之下，爸爸竟然让小杰离开这个家。小杰恼羞成怒，竟然背起书包离家出走了。

后来，小杰虽然被找了回来，可是和爸爸的关系非常僵，几乎一句话也不交流。为了缓和父子二人的关系。妈妈主动找小杰谈心。在交流的过程中，妈妈了解到了小杰对自己未来的规划和对爸爸的不满。这时，妈妈才发现孩子其实已经为自己的未来选择了方向，而爸爸还在按照自己的想法指挥孩子。

于是，妈妈将小杰和爸爸拉到一起，让他们都听听对方的心里话。一番沟通后，爸爸竟然对小杰的想法非常支持，说道："你的想法非常好，没想到你竟然已经为自己做好了规划，看来爸爸不够了解你呀。"

心理指南

叛逆是孩子青春期阶段的主要特点。进入这一时期，孩子无论在生理上还是心理上都发生了巨大变化，表现出了成年人的情感和独立感，不希望被压迫、威胁，希望得到父母的尊重和认可。他们逐渐有自己的想法，对很多事情都有不同意见，喜欢表达、坚持自己的想法，做事易冲动、不考虑后果。

此时，父母如果不够了解叛逆期孩子的心理特征，盲目地认为孩子不听话、不懂事、不争气，甚至在沟通中大吼大叫，会让孩子更加叛逆。反之，如果父母倾听孩子的心声，正确对待叛逆期的孩子，采用温和的沟通方式走进孩子的内心，拉近与孩子的距离，那么孩子叛逆的心理一定不会太强烈。

事实上，叛逆期的孩子虽然性格比较鲜明，但是只要正确引导，而不是盲目压制孩子的个性，就容易让他们发挥出自身的独特能力，成就非凡的自我。

无论面对怎样的情况，父母都要以"尊重孩子"为前提，尽可能地站在孩子的角度考虑问题，从而削弱其叛逆心理。切记：不要与孩子发生正面冲突，沟通一定要讲究技巧，否则只会引发负面结果。

培养孩子处理事情的能力

心理知识

一个人有了才干，才能生存和发展，才能帮助他人，实现更大的价值。因此，在教育孩子的时候，父母一定要注重对孩子才能的培养，注意增强他们遇事、处事的能力。

实际上，家庭就是一个小社会，父母注意在生活中让孩子学会观察、思考、分析、判断、执行，能充分锻炼他们解决问题的能力，早日累积生活经验、锻炼做事的才干。

心理故事

几个小伙伴参加春游的时候和队伍失散了，大家最后迷了路。有几个女孩绝望了，开始哭起来。这时，10岁的方亮坚定地对大家说："我不会在这里等死，听说顺着河流的方向就会走出树林。大家跟我一起走吧。"

就这样，几个小伙伴在方亮的带领下，顺着一条小河往前走。经过艰难跋涉，大家最后终于走出树林，转危为安。方亮赢得了伙伴的认同，大家都说他有本事，是一个办大事的人。

方亮年纪还小，但是他表现出了超越同龄人的做事能力，难道他天生有这个本事吗，为什么其他小伙伴不具备这种能力呢，为什么书本上没有教这种知识呢？其实，任何人的能力都是培养和锻炼出来的，重要的是父母是否善于开发孩子这种本领，有没有这种意识。

心理指南

评价人才有一个重要标准，就是"德才兼备"。一个人品德再好，如果没有一定才干，那么只能是个庸人，在这个世界上碌碌无为。人生中有许多美丽的风景等待我们去欣赏，所以父母要注意从小锻炼孩子，增长他们的才干。

父母除了督促孩子掌握书本知识以外，更要引导他们学会与人打交道、学会分析问题、做出正确决策，从而有效解决问题。

（1）让孩子扮演一定角色，处理力所能及的问题。

任何人在社会中都会扮演一定角色，而当他具备了这种角色意识后才能承担相应的责任，行使自己的权力。许多父母想当然地认为孩子就“孩子”，不能做其他事情，这样一来就失去了让他们锻炼的机会。所以，父母要鼓励孩子在学校或家庭里担任一定的职务，这样他们就会深入到角色中，想办法把事情做好。

（2）帮助孩子做好规划。

人们在做事之前都要有一个大体的规划，进行深思熟虑。孩子之所以办事能力差，是因为他们不善于进行总体规划，不善于综合处理各种问题。因此，父母要从小培养孩子自己做规划的能力，即使规划不完善，出现了各种问题，也可以进行总结、修正，这样就能使他们的规划能力逐步得到提高。比如，让孩子自己安排周末的事情，并把内容写在本子上，这样不但让孩子具备时间观念，还能调动他们做事的积极性，而不是被动接受父母的指派。

（3）让孩子去探索问题，增长经验。

人类从树上来到地上，就一直不断探索，最终创造了今天的伟大成就。孩子来到这个世界上，对周围的事物充满了好奇心和求知欲，父母应该引导孩子去发现问题、解决问题，而不要在意最后的结果。其实，生活中往往是大人们适应固有的生活节奏，缺少探索周围世界的兴趣，所以父母要避免让自己的观点影响孩子，避免扼杀他们的求知欲。

一个人处理事情的能力，决定着他将来的发展空间有多大。因此，父母要把孩子看作一个能够做事、可以做事的人，培养他们做事、处理问题的能力。

女孩也不能娇生惯养

心理知识

“对孩子不能娇生惯养”，父母往往在潜意识中给“孩子”贴上“男孩子”的标签。因为受到传统观念的影响，大家都认为男孩子的确要多接受更多考验和历练，而女孩子则应该宠着点儿。

在这里，父母必须明确一点：对女孩子也不能娇生惯养。今天，许多家庭女孩“当道”，父母往往对女孩更加偏宠。其实，一些女孩在成长过程中不如男孩更出色，并非性别因素，也不是女孩本身努力程度不够，真正的原因大多是父母对女孩子过于娇惯。

心理故事

美国心理学家曾经做过这样一个试验，让不同的妈妈和她的婴儿住在一间布满玩具的屋子里，然后进行长期观察。结果发现，妈妈总是无意地喜欢把女孩子拉在手上，让她依偎在自己身边；而对男孩子则放任自由，让他们到处乱抓乱爬。

心理学家研究后指出，正是母亲对孩子不同的态度，使得男孩和女孩从小就在心理上受到不同影响，乃至对未来发展产生了潜移默化的影响。科学分析可以发现，妈妈把女儿拉到自己身边，已经在无形中开始培养女儿依附、顺从的习惯；而男孩子离开妈妈的活动范围，逐渐增长了独立、好斗、探索的能力。

由此不难理解，为什么在小学时女孩比男孩容易获得好成绩，而步入中学以后女孩往往就显得力不从心了。仔细分析可以明白，小学教育有一个很大的特点，即要求学生听话、安静，思维方式主要是记忆，这些都适合女孩子从小培养起来的心理特色，而不适合从小就好奇、好动的男孩子。到了中学、大学，善于进行独立思考的男孩子就开始显露自己的优势了，而女孩子则逐渐呈现出劣势。

心理指南

研究表明，男孩和女孩的智力在总体上不存在任何差异，成才的可能性对于他们来说同等存在。但是，如果父母对女孩子过于偏宠，不注意像对待男孩子一样培养她们的独立意识，那么她们就会在潜意识中自我娇惯——这样一来，就会影响自身的健康成长、失去许多发展机会。

因此，父母不能对女孩娇生惯养，而应让她们像男孩子一样经受挑战和磨砺。父母只有给女孩自我锻炼的机会，才能让她们在成长中不断长进、增加才干和本领，真正实现“望女成凤”的目标。

（1）认识到娇生惯养的危害性。父母应该意识到，溺爱、放纵虽是一种人之常情，却会使子女遭到毁灭。溺爱是儿童一切不良品行产生的温床，教育专家一再提醒父母：“有的时候，也许你对孩子的爱相反会害了他们。”

（2）尝试着拒绝你的女儿。许多父母认为，女孩小时候不懂事，不知道约束自己的需求，长大了自然而然地就会控制自己的情绪了。其实，这是一种错误的想法。懂得约束自己，明白不能事事如愿，需要从幼年时期开始培养。因此，父母要敢于对女孩说“不”，而不能对她们肆意娇惯。

（3）多让孩子吃些“苦头”。生活中，让女孩多参加体育运动，做些力所能及的家务，通过给她们找苦吃、找“罪”受，多经受一些磨砺，避免坐享其成，这样的女孩才会有出息。

如何度过青春萌动期

心理知识

从孩子的角度来看，进入青春期以后，他们会因为生理发育产生性冲动，并引起相应的性心理。从医学上来看，性本能的冲动可以通过大脑皮质调节控制。有的青少年能很好地调控，有的少男少女由于经不起第一次的感情变化和心理波动，而产生了早恋。

此外，早恋的发生还与孩子生活单调、没有目标有关。因此，当孩子感觉生活空虚、缺乏动力的时候，往往就会寻找出口，从而容易把注意力转到异性身上。有关专家对某市 100 名 16 岁中学生进行了一项关于早恋的调查，结果发现：有暗恋经历的占 20%，有所谓谈恋爱经历的占 70%。

心理故事

上初一的那年，小雪一下子认识了许多新同学，非常兴奋。按照值日表，她和另外 5 个同学成为一组。其中，有一个男生很喜欢小雪，总是帮着她劳动，有时候还买好吃的东西。

妈妈早就提醒过小雪，要把精力放在学习上，不准谈恋爱。所以，她开始有意地躲避那个男生。但是，对方始终不肯放弃。最后，小雪被感动了，就答应了他。其实，那个时候根本不懂什么是爱情，她一开始也不怎么喜欢对方，大家只是在一起玩儿。

到了下学期，这个男生突然跟小雪提出分手，因为他喜欢上别的女生了。直到那一刻，小雪才突然感觉自己离不开他。尽管再三恳求，他还是离开了。接下来的日子里，小雪很伤心，也没有心思学习了，考试成绩也一落千丈。

小雪不敢把这件事告诉妈妈，只有把它隐藏在心里。但是，越是压抑自己，小雪就越难受，并且开始怨恨那个男生伤害了自己。现在想来，那是一段黑暗的日子，它不但让小雪美好的青春布满了阴云，还耽搁了学习，每次想到这里都非常后悔。

心理指南

孩子发生早恋以后，是否就会获得快乐、感觉生活充实呢？答案是否定的。调查表明，许多处于恋爱阶段的学生内心充满了矛盾，并承受着来自父母、学校的强大压力。

道理很简单，父母发现孩子早恋以后，往往对此深恶痛绝，认为早恋会耽误孩子学习，甚至有可能影响孩子的一生。有的学校则把早恋当作洪水猛兽围追堵截，甚至有让男女生分班等安排。

早恋为什么会产生这么多复杂矛盾呢？孩子、父母应该怎样处理早恋这个棘手的问题呢？

（1）发现孩子早恋后要持宽容的态度，避免激化矛盾。

一位青少年研究专家指出，孩子进入青春期以后，会在身体和心理上产生微妙的变化。在这一特殊时期，父母一定要与孩子推心置腹地沟通、交流，及时帮助他们解决遇到的各种问题，其中就包括早恋。

孩子出现早恋，父母首先要与孩子平等对话，搞清楚孩子是否真的早恋了。其次，一旦发现情况属实，父母要避免横加指责，而应向孩子权衡利弊。必要的时候，家长可以请心理医生帮忙开导孩子，让他们主动地远离不合时宜的“感情经历”。

（2）引导孩子扩大交往范围，保持纯洁的友谊。

在人际交往过程中，尽可能多地与不同的人交往，才能增长见识、开阔视野。如果发现孩子与异性交往过密，父母应该巧妙地加以引导，让孩子把朋友圈子扩展到更多的人。

为此，父母要在日常生活中为孩子创造和谐、宽松的家庭氛围。比如，晚饭后一家人可以坐在一起沟通、交流，在增进父母与孩子之间的感情时，让孩子懂得“异性交往不要太集中在某一个人或一个小范围内”，否则，就容易失去与更多同学、朋友接触的机会。

（3）让孩子明白与异性交往的界限。

两性交往是孩子成长过程中必然经历的阶段。孩子步入青春期以后，会产生渴望与异性交往的需求，这是正常的，父母应该给予理解、关心和支持。因为担心孩子早恋，而干涉孩子与异性朋友交往，这种做法是不明智的。

在家庭教育中，父母要扮演好辅导员的角色，让孩子明白与异性交往的界限。这样做，比对孩子横加指责更容易被接受，也能让孩子学会理性处理问题。事实上，孩子与异性交往，并非都会发展成早恋，如果父母不能给孩子提供合适的指导，甚至干涉孩子的正常交往，往往会适得其反，甚至把孩子推向早恋的深渊。

（4）帮助孩子确立明确的奋斗目标。

孩子的早恋往往与生活单调、没有目标有关。因此，充实孩子的生活，帮助孩子寻找生活的意义，可以有效地转移孩子对早恋的注意力。在上面的故事中，李女士就是抓住了这一点，成功地化解了女儿成长的烦恼。

早恋不是成熟的恋爱，而且会妨碍青少年的学习，所以家长和老师都反对孩子过早恋爱。问题是，应该采取怎样的方法帮助孩子走向学习的正轨。对父母来说，遇到孩子早恋的问题后，要善于借鉴成功的经验，寻找适合孩子的方法，帮助孩子确立明确的奋斗目标。

允许孩子有自己的小秘密

心理知识

家长是否有权力看孩子的日记，这是一个让很多家长都烦恼不已的问题，它背后折射出的一个问题就是：小孩子究竟有没有自己的隐私？美国临床心理学家克里斯蒂·亚历山大说：“这虽然听起来很让人吃惊，但就算是年龄很小的人儿，有时也需要一些私人空间，他们也是有隐私的。”

从儿童心理学的角度来看，半岁左右的宝宝便已经开始有羞耻感了，三岁的宝宝会有一些不愿意让别人知道的小秘密，四岁以后的宝宝则会有越来越多不希望别人知道的事情。这些是宝宝成长过程中的必经阶段，也是每个宝宝都会有的正常心理需求。

心理故事

吉吉今年5岁了，已经有一段时间没有尿床了，妈妈表扬他成了大孩子，他很高兴。但谁知乐极生悲，一天早上，吉吉醒来的时候，发现自己的床单又湿了。他正不知怎么办时，爸爸走了进来，看到吉吉又尿床了，笑着大声叫妈妈来看：“你来看，我们吉吉又‘画地图’了……”吉吉一听，顿时红了脸，很不高兴地低下了头。

这一天，本来应该由爸爸送小吉上学，但吉吉怎么都不肯，妈妈问他为什么，他说："我害怕爸爸跟幼儿园的小朋友说我'画地图'。"

心理指南

在很多大人看来，小孩子是没有隐私权的，他们每天同家长生活在一起，更不用说有需要被保护的隐私了。但实际上并非如此，孩子在很小的时候就开始注意自己的身体隐私了，或者说他们开始有自己的"小秘密"了。

当孩子长到一定年龄后，你的孩子可能会想要自己上厕所，自己穿衣服或脱衣服，在自己的房间里看书，或是在你看不见的地方和小朋友玩耍。他们的一些事情开始不愿意让家长知道，比如某次游戏得了最后一名、考试没有考好、今天被老师批评了，因为这些事情会让他们觉得很丢脸。

父母很少会去在意孩子的隐私，更不会去尊重孩子的隐私。他们不理解孩子为什么要费心隐藏自己的一些问题，更不能理解他们会因为对父母泄露隐私而感到害羞。如果父母不能理解，那也请尊重孩子的这些做法和要求，因为这是孩子们在自己的年龄所拥有的正常心理需求，就像父母也希望别人能够尊重自己的隐私一样。

生活中的很多事情都是孩子特别在意的，如果遇到以下一些情况，父母一定要注意保护孩子的隐私。

（1）不要笑话孩子的生理缺陷。

孩子身体的缺陷，比如私处有不好看的胎记，或者其他很容易令孩子感到自卑的地方，这些事情都是孩子非常在意的，父母一定要有意地保护孩子的这些隐私。有些父母喜欢拿这些隐私逗弄自己的孩子，以为这会拉近自己同孩子的关系，这种想法是非常错误的。实际上，孩子对此非常在意，父母要想办法为孩子"保密"，而不要随意开玩笑。

（2）不要总提孩子不愿意提起的从前。

每个人都有自己不愿回首的过去，大人们在交流时都知道回避对方的过去，但是在同孩子相处时却不会在意这些细节。对孩子来说，也会有一些过去令他们自己想起来都很尴尬、很害羞，他们希望这些被大家永远忘记，不要有人再提起。如果父母一直都将这些挂在嘴边，孩子一定会觉得自己的隐私被扒开了，在被别人笑话。

（3）不要随便进入孩子的私人空间。

孩子从3岁开始，就会希望有自己的秘密、自己的空间，父母这时就不能为了探寻他们的秘密而私自进入他们的小世界，而要给孩子足够的尊重。对于孩子来说，私自进入孩子的空间也是侵犯他们隐私的行为，会让他们反感。

第10章
儿童学习心理学
让孩子爱上学习的心理策略

引导孩子爱上“学习”，不但要让他们知道怎样读书、如何思考，更重要的是确立终身学习的理念、明白困顿时候学习的必要性、与实践结合学习的重要性。

保护孩子的好奇心和求知欲

心理知识

爱因斯坦说过："对于一切来说，只有热爱才是最好的老师。"因为热爱，才会产生兴趣，才会产生好奇心和求知欲，才会将被动学习转化为主动学习。

在主动学习的过程中，孩子的注意力会高度集中，思维更敏捷，潜在的能力会被调动起来，因此学习效果会更好，成绩会更明显。因此，保护好孩子的好奇心和求知欲是维护孩子学习热情、引导孩子主动学习的最好方式。

心理故事

9岁的小轩变得懂事了，也产生了许多不一样的想法。以前，他放学就会专心致志地写作业，现在干脆跑到图书馆，抱回很多书籍，一边看书一边写作业。

小轩的父母有些疑惑，爸爸趁孩子不注意的时候悄悄看了一眼孩子的本子。"我的昨天与今天"——小轩的本子上赫然写着这几个字。爸爸有些哭笑不得，一个9岁的孩子竟然写出了这样的题目。

于是，爸爸决定和小轩沟通一下："小轩，我能不能了解一下，你最近在做什么？"

"我正在准备写本书，书名我都想好了，《我的昨天与今天》。"小轩答道。

爸爸觉得这样的题目有些大，一个9岁的孩子哪有那么多故事呀，恐怕连大学校园里的博士也不一定敢用这样的口气。

“孩子，我觉得很好，爸爸有个请求，希望等你大功铸成的时候，我有幸能做第一个读者，可以吗？”爸爸最终选择支持孩子做这件事。

过了两个月，小轩的大作完成了，是一本200多页的小册子。这里面的内容五花八门：从婴儿时期摸爬滚打，到独立行走、呀呀学语，再到第一次和小朋友握手、第一次去幼儿园、第一次和小朋友吵架、第一次给妈妈端水、第一次上小学……最后，书本后面还列出了参考书。

看到这一切，爸爸有些吃惊：“这是我的孩子写出来的吗？太神奇了。”

看着9岁的小轩兴致勃勃地完成了自己的大作，爸爸意识到了自己最初的决定是对的。不管结局如何，首先保护孩子的好奇心和求知欲无疑是最正确的。爸爸在心里悄悄地为自己点了一个赞。

心理指南

教育不应该只是让孩子学习课本上的知识，还应该关注孩子的心理。对于孩子的好奇心和求知欲，父母应该小心保护。任何一位成功者都需要有一份纯粹的热情，如果没有了好奇心，那么无数个苹果落地也砸不出万有引力定律。

（1）孩子爱问为什么，应给予鼓励。

孩子的好奇心很重，到了一定年龄之后总是喜欢问为什么。这是孩子爱动脑、勤思考的表现，是一个非常好的现象。父母一定要给予孩子鼓励和表扬，不要因为厌烦就失去耐心，甚至呵斥孩子。

（2）尽量回答孩子的问题。

对于孩子提出的各种问题，一定要认真对待。如果自己不知道答案，应该积极查阅资料，再提供正确答案。如果确实无法回答，可以让孩子自己寻找答案，父母给予帮助。在从孩子提问到寻找答案的过程中，同样可以培养孩子的求知欲。

（3）不要让孩子看到你对提问的负面情绪。

有时候，孩子会提出一些奇怪的问题，而某些天真的问题时常搞得父母不知道怎样回答。有的父母恼羞成怒，粗暴地让孩子闭上嘴巴。毫无疑问，这种行为会大大削减孩子的好奇心和求知欲。认真对待孩子提问，回答不上来也不必恼火，积极给予回馈比提供正确答案更重要。

如何培养孩子的学习兴趣

心理知识

爱因斯坦说过："兴趣是最好的老师。"兴趣可以激发孩子的热情，提高孩子的坚韧力；兴趣还可以唤起孩子内心深处的潜能力，支持孩子在某一领域走得越来越远；兴趣还可以改变孩子对人、对事的态度，使其积极主动地争取自己想要的东西。

实践证明，孩子在兴趣的引领下，注意力会高度集中，思维会非常敏捷，接受新知识的能力变得非常强，更容易创造好成绩。因此，父母发现孩子的兴趣并给予足够的重视和引导，会让孩子终生受益。

心理故事

静静从小就喜欢医生这个职业，长大后想成为一名白衣天使，帮助病人解除疾病的困扰。然而，静静的父母每天都为生计忙碌着，忽略了孩子的兴趣，因此从来没有正视过孩子这一爱好。

因为对医生这个职业的迷恋，静静同样喜欢生物。尤其是讲人体结构这部分时，静静发现自己的记忆力特别好，她聚精会神地听生物老师讲解，甚至忘了做课堂笔记。一节课下来，她甚至能够将整节课的讲义背下来。

除此之外，静静还对物理感兴趣。同样是在兴趣的作用下，静静的物理成绩也非常好。同学们做不出来的题目，她却能给出答案。此时此刻，孩子的兴趣显然已经非常明了，但是静静的父母一点常识都没有，丝毫不了解兴趣对孩子的重要性。

直到有一天父母意识到培养孩子专长的重要性，他们才让孩子学习绘画、舞蹈，完全无视静静在生物、物理方面的兴趣。静静跟妈妈解释，但是无济于事。在绘画、舞蹈班上，她觉得昏昏欲睡，提不起一点儿兴趣。最终，静静的成绩一落千丈，父母也非常自责。

心理指南

世界上有很多人错失了兴趣，被逼无奈，为了生计只能从事着自己并不感兴趣的工作。这样的人生局面，无论他们怎样努力、取得怎样的成绩，都不会觉得幸福。甚至有很多人，尽管付出了很多，而回报却少得可怜，就是因为他们没有从事自己感兴趣的事业，因此无法调整自身到最佳的状态。这样的人生充满了遗憾。

兴趣是最好的老师，由于有兴趣，孩子会变被动为主动，自发地学习、研究，在这样的学习态度支配下所取得的学习成果自然也会十分可观。物理学家杨振宁说：“成功的秘诀在于兴趣。”顺应兴趣去学习，可以充分调动孩子的积极性，充分发挥孩子的潜能量，让孩子在最短的时间，最专注地做事情，最大限度地获得成功，拥有无悔而又无限幸运的人生。

作为孩子的直接监护人，父母有责任也有义务替孩子把好人生的重要关节。忽略了孩子的学习兴趣是不负责任的表现。这个世界上有很多人都与自己的兴趣爱好失之交臂，造成了终生的悔恨。因此，为了孩子的将来，为了孩子能够拥有无悔的一生，父母一定要重视孩子的学习兴趣。

不能自觉完成作业怎么办

心理知识

儿童自控力差，容易受外界各种因素干扰，因此写作业时经常分心，无法集中精力思考问题、完成作业。显然，父母需要耐心引导，帮助孩子克服分心的恶习，提升孩子的专注力，养成高效、准时完成作业的好习惯。

心理故事

琳琳已经 9 岁了，到了应该懂事的年纪，却让妈妈操碎了心。

“也搞不清什么原因，孩子就是不能主动去写作业，烦死我了。每天下班之后，都要强迫孩子写作业，而且效率非常低，有时甚至写到 12 点才能写完，弄得我心力交瘁……”琳琳妈妈又在抱怨了。

每天放学回家后，琳琳从不主动写作业，一会儿摸摸玩具，一会儿逗逗小猫，直到在妈妈的监督下才老老实实地写作业。这个文静的小女孩不像调皮捣蛋的孩子，怎么就不能好好写作业呢?

每次写作业时,妈妈就在孩子的身边监督。孩子写错了或是写得不好，妈妈会立即指出，并严厉批评孩子，让她擦掉重新写。时间一长，这让琳琳养成了没有人监督就不写作业的习惯。

为了能够让女儿早点写完作业、早点休息，妈妈特意咨询了专家。对方说，琳琳不能主动写作业的习惯与家长有关。琳琳写作业的时候，家长一直都陪着，还会时不时地指出孩子的错误，帮助孩子解答不会做的题目。这种行为让孩子产生了强烈的依赖性和排斥性。

所谓“依赖”，是指孩子做作业时需要家长的陪同，家长不在的时候，没有人监督，孩子就不会主动写作业。所谓“排斥”，是指孩子在做作业的时候一再受到家长的训斥，导致孩子本能性地认为做作业是一个很难过、很痛苦的经历。

搞清楚了原因，妈妈开始有意识地改变以往不合时宜的做法，培养孩子专心、自主写作业的习惯。

心理指南

写作业是学习知识、提升思考与写作能力的重要形式。帮助孩子养成自觉完成作业的习惯，不但有助于孩子学业进步，也有利于孩子自控力、专注力的培养。为此，父母要注意做好以下几点。

（1）写作业的时候不要打扰孩子。

孩子做作业的时候，父母不要因为任何事情打扰孩子。有的父母总是在孩子做作业的时候，以端水、送饭、送水果之类的理由无端打扰孩子。这样的行为会打乱孩子的思路，让他们无法集中注意力，久而久之会出现坐不住、完不成的情况。

（2）让孩子独立完成作业。

写作业是孩子自己的事情，不是家长的事情。因此，孩子做作业的时候，父母不要陪同，也不要关注孩子做得是对是错。在这个过程中，孩子应该独立思考，不应该依赖旁人。

（3）不会做的题目，让孩子自己解决。

很多父母陪孩子做作业是为了及时答疑解惑。然而，这样的答疑解惑并不合适。作业是为了检测孩子的学习成果，如果孩子当天作业完成得好，老师可能进行下一个知识点的传授；如果孩子当天作业完成得不好，老师则会重新讲述一下。而如何做，完全依据于孩子的作业情况。如果父母将孩子的作业全部指导至优良程度，会给老师传递错误的信息。

多锻炼孩子的动手能力

心理知识

生活中，有的孩子读书不注意消化，学到知识以后不会灵活应用，常常让父母焦虑万分。比如，学了语文不会写文章，学了数学不会计算，学了珠算口诀拨不动算盘，学了物理、化学不会联系生活实际，这种情形反映出孩子在学习上存在着很大误区。

为此，父母要引导孩子不断改进学习方法，克服“学而不思”的毛病，善于把书本知识和生活实际联系起来。这样做不但有助于他们理解知识、加深对知识的掌握，还能让他们对自己和周围的事物有新的认识。

心理故事

爱迪生是闻名世界的伟大发明家，他的巨大成就都是在实际动手过程中取得的。

有一天，爱迪生在试验电话的时候，忽然发现送话器里的碳质薄膜会随着声音的颤动而震动。于是，他马上找来一根细钢针，把一头固定在碳质薄膜上，让钢针尖接触手指。做好一切，爱迪生开始对着送话器讲话，果然，钢针尖震动起来了。

看到这种情形，爱迪生产生了一个绝妙的想法：如果把声音的颤动变成机械的震动，那就一定把人的声音贮存起来；反过来，假如让针尖带动薄膜重新震动，也就一定能发出原先的声音。

就是这个小小的实验，让爱迪生萌发了发明“留声的机器”这一想法。此后，他经过无数次实验，终于给人们带来了一架会说话的机器，并在当时轰动了美国，震动了全世界。

心理指南

国际著名教育专家蒙台梭利认为，婴幼儿不宜接受正规的学校式教育方式，因为他们是在自由游戏中得到教育。这一观点，与我们熟知的“心灵手巧”是一致的。生活中，一些孩子只把书本知识学好了，但是懒得动手，过于依赖父母，甚至自己能做的事也推给父母或他人去做，结果出现了操作能力差的情形，反过来又影响到智力发展。

“衣来伸手，饭来张口”，这种生活方式不值得提倡；相反，父母要引导孩子多动手，才能让他们早日养成学以致用的好习惯。实际动手操作的过程，不但能促进孩子大脑的发育，开发思维，还有助于培养孩子不怕困难的良好性格。

更重要的是，孩子对周围的事物发生了浓厚兴趣，喜欢接受挑战，那么对学习也会产生热情，而不是把它看作一种负担。而在学到知识以后，孩子会自觉地把知识应用到生活中去，从而产生一种良性循环。

我们都知道，实践是检验真理的唯一标准。实践就是行动，就是动手去做。培养孩子的动手能力，让他们不拘泥于书本知识，才能有效掌握学习知识的根本方法，并把学到的知识应用到生活中去，做到学有所得，学有所用。

（1）培养孩子良好的动手习惯，让他们早日自立、自强。孩子在动手的过程中会养成务实、勤劳的个性，学习书本知识的时候就能有效避免空谈、教条的弊端。这样一来，孩子学到书本知识以后，就能积极主动思考，而不是被动接受，极大地增强学习效果。

（2）引导孩子关注社会现实。现实生活丰富多彩，那种“两耳不闻窗外事，一心只读圣贤书”的做法早已经过时了。引导孩子关注社会现实，才能让他们更好地、深刻地理解所处的时代，理解生活中的各种规则。当孩子学会拥抱生活的时候，他们就能在学习上积极主动起来，并且会努力做到学以致用。

学习知识必须和实践结合起来

心理知识

人们知道某件事，学到某些东西时，都喜欢在人前“卖弄”，孩子也有这种心理。所以，父母完全可以给孩子提供一个“卖弄”的机会，让他们认真地演示一下课堂上学到的东西，或者检验一下孩子学习的效果。

孩子在实践中对所学的知识有了新的体验，往往能激发学习兴趣，加强学习效果，产生强大的学习动力。

心理故事

明明放学回到家里，告诉妈妈今天学习乘法运算了。妈妈听了非常高兴，就对明明说：“刚才妈妈在超市里买了3袋巧克力，每袋8块钱。你帮妈妈算算，一共花了多少钱啊？”

明明听了兴趣十足，走过来认真地说：“好啊，让我给你用乘法算一下。”说完，明明仰起头叨念起来：“一八得八，二八十六，三八二十四……我知道了，花了24块钱！”

"嗯，不错。真聪明。"妈妈高兴地说，"来，今天妈妈再做一个菜，好好犒劳犒劳你！"

母子两人边说话，边复习孩子课堂上学习的知识，既增进了感情，又强化了学习效果，这的确是一个不错的学习方法。

心理指南

生活中，一些孩子"高分低能"；一些大学毕业生"毕业即失业"，缺乏实际操作能力……种种迹象表明，今天的孩子缺乏实践能力，缺乏从生活中学习知识的本领，已经严重制约了他们的进步。

社会是一个大学校，天地宽广，这里有无穷的知识。从某种意义上说，书本知识都是从社会实践中得来的。所以，让孩子早日明白跳出小书斋、走向人生广阔天地的道理，对他们一生的成长和发展都是至关重要的。

从长远的角度考虑，这样做还能培养孩子善于观察社会、分析问题的能力，比那种死读书的做法要高明许多。当孩子学会利用已有的生活经验作为支撑，去主动理解课本上的知识时，他们就已经学会了主动学习，而不是被动理解各种文字符号。

在这里，实际上给父母朋友出了一个难题，那就是怎样才能帮助孩子把学习知识和生活实践结合起来。具体来说，可以参考下面的行动步骤：

（1）父母要掌握孩子的学习课程安排，对各个阶段的教学目的有一定了解。

比如，孩子学习长度计量单位的时候，父母就要帮助孩子体会常用计量单位的概念。以"厘米"为例，父母可以找一个 10 厘米长的筷子，让孩子拿在手里，有直观的认识；然后可以让他举例，生活中什么东西可能是 1 厘米长的？哪些东西是 50 厘米长的？这样一来，孩子就有了直接的生活经验，在考试的时候就能有切实的体验。

（2）父母要制造情境，让孩子把学到的知识尽可能地应用到生活中去。就像上面故事中明明接受妈妈的数字考核一样，父母要帮助孩子把知识与生活中的问题联系起来，让孩子懂得生活中的基本道理，再去深入理解课本上的数量、逻辑关系。

孩子出现厌学情绪怎么办

心理知识

孩子出现厌学情绪与父母期望过高有着紧密联系。如果父母提出的学习目标过高，孩子即使再努力也无济于事，此时孩子很有可能放弃努力，从而严重地挫伤自信心。

此外，也可能是孩子的自卑心理在作怪。在学校里，孩子会在无形中和同学进行对比，如果一直学习成绩不理想，他们会怀疑自己的能力，产生内疚和自责心理。长此以往，这样的负面情绪会直接干扰到孩子的学习兴趣。

心理故事

上了5年级以后，李伟总是感觉学习非常累，成绩也一落千丈。有几次，他和同学说不想念书了，感觉学习特别没意思。

刚上学的时候，李伟学习成绩很好，那时候感觉每个科目都非常好玩，而且充满浓厚的兴趣。通常，他往往不用父母提醒，就能主动完成作业。可是到了5年级，有的科目他不喜欢，成绩也非常差。许多时候，他一看到课本就头疼，更不用说主动学习了。

父母看到儿子成绩如此差，特地请了几个家教老师。每次放学回家，总有老师等着给李伟上课。好不容易熬到周末，又要在爸爸妈妈的陪同下上培训班。作业多，时间不够用，休息不好，上课注意不集中，李伟显得疲惫不堪。

虽然父母每次都给李伟定了一个小目标，并且对应着各种奖励。无奈李伟即使再努力，学习也没有任何进展，为此他非常苦恼。

心理指南

虽然努力学习，仍然成绩仍然不理想，那么孩子很容易出现厌学情绪。对学习的科目不感兴趣，将学习当作一项沉重的负担，不知道如何应对，这是青春期学习中的常见现象。

那么，孩子出现厌学情绪时，父母应该怎么办呢？

（1）制定与孩子能力相适应的学习目标。

制定符合孩子能力的小目标，有助于孩子努力达到期望的目标。然而，那些超过孩子能力的目标，反而会给它们带来压力。为此，父母在制定学习目标的时候应该分析孩子的试卷，结合老师的评语调整预期。显然，制定学习目标必须让孩子稍微努力就可以达到，这样既可以帮他们获得成就感，也可以提高自信心。

（2）培养孩子的兴趣与特长相结合。

有的父母认为，特长会影响学生的学习时间，事实并非如此。有特长的学生反而学习也很好，他们的特长和兴趣得到鼓励，有助于其有意识地提高学习成绩。据调查，那些没有任何特长，且对任何事情都不感兴趣的学生，反而会迷上游戏，由此丧失学习兴趣。

（3）父母应该适当地改变自己的教育观念。

以成绩为评判标准的时代已经过去了，同样父母也不要在任何时候都以孩子的成绩来判断孩子能力的高低。成绩的高低并不代表孩子的真正能力，父母应该多与孩子沟通，建立和谐的亲子关系。这样一来，即使孩子出现厌学情绪，父母也会及时地发现，然后做好沟通工作，避免让孩子产生厌学情绪，甚至彻底放弃学习。

通过反问培养孩子的思考能力

心理知识

孩子的好奇心很大、想象力很丰富，父母需要发挥他们求知欲强的心理特点，进行反问，引导孩子提升独立思考能力。

优秀的父母从来不会低估孩子的智商和理解力。很多问题只需要父母耐心解答，孩子就会找到答案。因此，放心大胆地对孩子进行启发式教育吧，他们会不断地带给你更多惊喜。

心理故事

“妈妈，明天是同学小丽的生日，我们商量了一下，去她家里玩。可是我穿哪件衣服好呢？”宁宁问妈妈。

“是这样呀，你的衣服很多，妈妈有些记不清了，你自己是怎么考虑的？”宁宁妈妈反问道。

“我觉得那条绿色的裙子很漂亮，我想穿上它一定很好看。”宁宁一边说一边思考着。

“不错，那条浅绿色的裙子有点小礼服的感觉，你穿上它简直像个小公主。那你看看是否需要扎一条丝巾呢？”宁宁妈妈又问。

宁宁听到这里，转动着小眼睛，幻想着自己穿上浅绿色的裙子，再扎上一条白色的丝巾，应该会很漂亮。可是，是搭配那条白色的丝巾好看，还是搭配那条绿色格子丝巾好看呢？为了解决这个棘手的问题，宁宁决定试穿一下。

经过一番比对，最后宁宁决定穿一条浅绿色的小礼服裙子，搭配那条浅绿色的格子丝巾，这样看上去既干净大方又非常得体。当大家都忍不住夸奖宁宁的妈妈会给孩子搭配衣服时，她自豪地说道："这是我女儿自己搭配的。"

心理指南

对于孩子提出的问题，父母不必每次都直接给出答案。你可以重新将疑问抛给孩子，反问他们为何如此。这种方式可以委婉地逼迫孩子独立思考问题，不知不觉中锻炼了孩子独立思考问题的能力，非常值得提倡。

（1）认真倾听孩子的疑惑。

反问不是拒绝回答孩子的提问，而是通过提醒、启发的方式引导孩子思考问题，尽可能自己找到答案。为，父母首先需要认真倾听孩子的问题或疑惑，从而快速找出对策，制定高效沟通的方案。

（2）提出反问时要有技巧。

"妈妈，小朋友都有自己的自行车，我也想要一辆。"孩子对妈妈说。"你会骑车吗？"如果妈妈这样反问，对提高孩子的思考能力没有任何意义。"骑自行车需要有力气，而且个子还要高，那你说一下骑自行车的理由是什么？"妈妈这样反问，孩子就会进行独立思考，尝试着分析问题。

读书是孩子一辈子的事

心理知识

生活中，一些孩子面对强大的升学和就业压力，产生了严重的心理问题，焦虑、恐惧、暴躁困扰着他们。出现上述情况，除了外部原因外，在很大程度上是因为孩子只接受学校课本教育，忽视了课外阅读。孩子没有养成课外广泛阅读的习惯，没有学会在课外阅读中思考、调整心理，就容易遇到各种麻烦。

所以，父母要引导孩子学会读书、学会思考，不能仅仅满足于课本知识，更不能在取得高分以后骄傲自大，四处炫耀。读书本身是一项长期修炼，伴随孩子一生的成长过程。在成长的各个阶段，孩子在阅读中思考，不断充实自己、提高自己，才能不断进步，遇到问题后能够以积极的心态面对。

心理故事

世界上有许多民族喜爱读书，芬兰人、俄罗斯人、英国人、美国人等都有阅读的传统。其中，犹太人尤其以喜爱读书闻名于世。犹太民族涌现出了众多思想家、科学家，以及拥有亿万家产的富贾巨商，比如马克思、爱因斯坦、弗洛伊德、索罗斯等，都是犹太民族的杰出代表。这一现象，与犹太民族良好的阅读传统、独特的家庭教育理念密不可分。

历史上，犹太人不断遭受迫害，他们的财产被掠夺、房屋被烧毁。为了生存和发展，犹太人把寻求知识、增长智慧当成防御的手段，并且把读书作为一种优良的传统保持下来。通过读书获得知识，而后运用知识谋生，这是犹太民族的一个重要特点。

犹太人喜欢读书、求知欲强，是从小接受家庭教育养成的。据说，犹太人有这样一个传统，孩子懂事的时候，母亲都会在《圣经》上滴一点蜂蜜，然后让孩子去吻，使他们从小在心灵上就知道书本是甜蜜的。

心理指南

今天，通过读书学习知识、实现理想、改变自身命运，已经成为人们的共识。特别是在当今激烈竞争的社会里，多读书、读好书是孩子将来立于不败之地的选择。

读书不仅仅是接受学校教育，学习课本上的知识，更重要的内容是养成阅读的好习惯，阅读课外书籍。文学、传记、历史……这些包罗万象的书籍不仅能让孩子增长知识，还可以陶冶他们的情操，磨炼他们的意志。从某种意义上说，孩子人格健全、心理健康，才真正达到了阅读的目的。

（1）培养孩子的阅读习惯

孩子不喜欢读书怎么办呢？这就需要我们注意培养孩子读书的习惯。比如，可以借助听故事诱导孩子加入阅读活动。一般来说，孩子都喜欢"听"故事，父母可以给他们讲情节动人、有吸引力的故事，作为启发孩子自己进行课外阅读的手段。通常，孩子产生了浓厚兴趣后，就容易主动读书，掌握自己需要的东西。

显然，听故事是没有负担的，孩子的兴趣和好奇心被激发出来以后，就能从"听"到"看"，水到渠成地加入到读书活动中来。当然，对那些不喜欢读书的孩子来说，激发他们的读书兴趣也并不是立竿见影的事情，必须不断启发、诱导。在媒体多样化的今天，孩子一般对电视、网络更感兴趣，但是读书本身在知识含量、思维训练上的优势是不可替代的，父母要细心引导孩子爱读书、读好书。

（2）要注意孩子的兴趣和年龄层次。

读书是由兴趣引导的，"博览群书"不排斥孩子喜欢某一方面的图书。有的父母给孩子买了许多图书，但是孩子根本不喜欢看。其中一个重要原因是，父母只根据自己的兴趣和需要为孩子购买图书，没有考虑孩子的实际生活和心理需求。因此，父母要注意孩子的认知特点和兴趣爱好，为他们精心选择适宜的读物。

此外，注意到孩子的年龄差异也是不能忽视的。一般来说，小学低年级的孩子对童话故事比较感兴趣，而中高年级的孩子可能对战争题材的故事、人物传记或惊险神秘的科幻故事更感兴趣。父母注意到孩子在阅读上的年龄差异，并注意询问孩子喜欢哪方面的书籍，就能激发他们的阅读兴趣，取得满意的效果。

（3）经常带着孩子一起逛书店。

和孩子一起逛书店，是培养孩子读书兴趣的一个好方法。让孩子自己挑选喜欢的图书，除了能让他们主动读书外，父母还能了解孩子的兴趣是什么、平时关注哪些东西！

但是，父母不能让孩子放任自流，还是要发挥监督和引导的作用，帮助孩子选择合适的图书。不可否认，孩子自制力差，往往喜欢买那些自己感兴趣的图书，比如喜欢看漫画书；或者缺乏眼光，在购买种类上失调，这都不利于引导孩子博览群书。父母要帮助孩子选择合适的图书，引导他们博览群书。

（4）父母爱读书，孩子更容易养成阅读的习惯。

为孩子提供读书的家庭气氛，这是父母应该努力实现的目标，而且这种努力不需要花费很高的成本。其中，最重要的是父母必须身体力行，为孩子树立阅读的榜样。比如，晚饭后，父母不必坐在电视前熬时间，拿出几本书静心阅读，能够让自己开阔视野，增长知识，还可以引导孩子一起阅读。养成阅读的习惯后，父母和孩子都能终生受益。

在这里，父母要根据自己和孩子的需要，购买合适的图书，最好再布置一个书架。显然，建立一个家庭图书馆是很有必要的。以犹太人为主要人口的色列人每家每年都要订阅几份报刊，家里的藏书也十分丰富；其中，14 岁以上的以色列人平均每月读一本书；而且，犹太人还有一个世代相传的习俗，那就是书橱一定要放在床头，而不能放在床尾。可以说，生活在书的海洋里，犹太民族诞生了那么多杰出人物就一点儿也不奇怪了。

第11章
儿童挫折心理学
如何培养内心强大的孩子

当孩子面对难题或遭遇失败时，父母大包大揽，容易让孩子形成心理上的依赖。孩子缺乏独立自主能力与心理承受能力，注定会成为温室中的花朵，无法面对生活中纷繁复杂的未知挑战。

给孩子上好挫折教育这堂课

心理知识

一位儿童与青少年问题研究专家说："孩子们并不知道，当一些比较糟糕的事情发生时，比如孩子输掉了一场重要比赛，或者最信任的朋友背叛了自己，这并不意味着世界末日到了。如果孩子永远摆脱不了消沉的情绪，那么这一次小小的失败将摧毁孩子的一切。"

帮助孩子正确应对挫折，在心理上成熟起来，是父母教给孩子的一项最重要的技能。做好这一点，孩子日后面对生活的无情时，才能选择勇敢面对，避免因为缺乏应对挫折的能力而自暴自弃。

心理故事

在日本，学校会定期向学生供应清汤萝卜、粟粒煮成的"饥馑午餐"，目的是让他们了解父辈的艰苦生活。每年，日本都有一些有钱的人花钱让孩子到中国来参加夏令营活动，孩子们肩负沉重的背包到各地走一走，尝尝吃苦的滋味；野外，他们还把孩子放在荒岛上，让孩子懂得什么叫饥饿，让他们学会求生本领。

在韩国，家长同样也很注重从小锻炼孩子的意志，增强孩子应对挫折的能力。通常，家长给孩子穿上羽绒服，让他们在冰窟窿里呆上一阵儿再出来，让孩子懂得"寒冷"的滋味。孩子经受了各种"磨难"，就会在心理上增强承受压力和困难的勇气，遇到挫折、失败的时候就不会逃避和自暴自弃了。

心理指南

在孩子成长的过程中，父母要及时给孩子设置挫折教育课，让他们学会面对挫折，学会承受失败。在中国，父母对孩子的挫折教育显然做得很不够。由于父母的娇宠，许多孩子的心理承受力相当脆弱，一点点小的挫折或失败就有可能酿成一场灾祸。

一帆风顺长大的孩子，很难创造出生命的辉煌。从现在开始，父母要注意培养孩子承受挫折的能力，受到挫折后的恢复能力和百折不挠、不向挫折屈服的精神。

（1）帮孩子树立“我能行”的积极态度。

当孩子遭遇挫折的时候，父母要微笑着说：“来吧！你肯定行！”这种激励和期待比什么都管用。要知道，孩子第一次学走路就是在这样的鼓励下开始的。当他们跌跌撞撞扑向父母的怀抱时，父母鼓励的微笑和成功的喜悦交织在一起，那是世间最大的幸福。

（2）让孩子经受磨练，避免对他们过分娇纵。

巴尔扎克说过：“苦难对于人生是一块垫脚石，对于能干的人是一笔财富，对于弱者是万丈深渊。”承受挫折的良好心态，是在童年和青少年时受过挫折并不断地解决困难中磨练出来的，是一个人素质高低的重要标志。作为父母，要注意从小让孩子经受各种磨练，避免对他们过分娇纵。

（3）帮助孩子把挫折变成财富。

哈佛大学的毕业生罗纳德·皮尔经常对别人说：“只要坚持下去，总有一天情况会好转的。”事实的确如此，失败的教训、苦难的环境磨砺了人们的意志，会让人越挫越勇，最终实现远大的发展目标。孩子遭遇挫折以后，会在心理上引起不舒服的感觉。但是，只要意志坚定，善于总结教训，就能从中获取有价值的东西。

（4）帮助孩子走出失败的阴影。

优秀的父母懂得鼓励孩子，引导他们发现自己的优点和长处，从而充满自信地迎接失败的挑战。当孩子失败的时候，父母要帮助他们从事件本身解脱出来，不要对孩子讲："这次你把事情都弄糟了，怎么搞的？你都忘了应该怎么做了吗？"正确的做法是，让孩子从错误中总结经验和教训，而不要因犯了错误而使自信心受到损伤，甚至受到摧毁。

如何安抚考试失利的孩子

心理知识

考试失利是任何一个孩子都会遇到的事情。对此，父母的教育方式决定着孩子是否能够从失败的阴影中走出来，在接下来的学习中再接再厉。因此，父母们要学会安抚考试失利的孩子，在心理上给予安慰和关怀，让他们在坚强和勇敢中突破自己的瓶颈。

心理故事

月月的学校管理得非常严格，对孩子的成绩非常重视。每次的考试成绩下达后，都会在学校的门前贴出成绩单，同时标出孩子们的成绩较上一次考试成绩是上升还是下滑，以方便家长们阅读。

月月的学习成绩一直都不错，但是始终没有进过前5名。这一次，在期末考试前，爸爸向月月提出了要求：一定要努力进入前5名。

结果，成绩出来之后，月月的成绩不仅没有如愿以偿地进入班级前5名，反而后退了好几名。看到月月的成绩下滑得如此厉害，月月爸爸的情绪有些失控，竟然当着很多家长和同学的面，大声呵斥月月。周围的家长们赶忙劝阻。面对众人的劝阻，爸爸不理不睬，好像铁了心地故意让月月当众出丑。

爸爸足足训了月月半个多小时。面对爸爸的咆哮，月月觉得非常下不来台，她根本没有注意父亲都说了什么，只顾着揣测同学们是不是都在嘲笑她。回家的路上，月月一句话也没有说，一直默默地低着头。回到家里，妈妈看到月月沉默的样子，忙问发生了什么。

“别管她，让她自己反省吧。”一旁的爸爸显然还没有消气。

第二天，父母发现月月没有早早起床上学，而是躺在床上发呆。无论父母怎样劝说，月月就是不肯去上学了。看到女儿如此反常，月月爸爸也有些后悔。

心理指南

“胜败乃兵家常事”，考试出现失利也是很正常的事情。有的父母因为孩子考试失利，就大加斥责，深深地伤害了孩子的自尊心，导致孩子对学习失去了兴趣。孩子遇到挫折，父母不仅不能责备孩子，反而应该给予安慰，帮助孩子尽快走出失败的阴影。

（1）不要太过在意考试分数。

对待孩子的学习，一定要保持平常心，顺其自然就好。关键是孩子们在学习的过程中是否掌握到了一些技能，成绩不必太在意。如果父母能够保持这样的心态对待孩子的成绩，那么孩子也会摆正心态，更加关注学习的过程，从而避免因为一两次考试失利而沮丧、失落。

（2）帮助孩子分析考试失利的原因。

孩子考试失利后，父母应该主动帮助孩子分析其中的原因，该鼓励的地方鼓励，该批评的地方批评，以防止孩子被同一块石头绊倒两次。其实，考试的真正目的在于查漏补缺。通过考试暴露出一些不足之处，也不是一件坏事。

告诉孩子如何应对被欺负

心理知识

孩子接触社会之后，难免被其他小朋友欺负。父母既不能过分干涉孩子们之间的事情，也不能放任孩子被其他小朋友欺辱。最重要的是，别让孩子在心理上遭受创伤。

孩子之间吵吵闹闹很常见，父母朋友们不必过于紧张，轻易地放大孩子之间的矛盾。放开手脚，尽量让孩子自己解决问题、处理各种矛盾，这是孩子成长路上必不可少的过程，谁也无法代劳。

心理故事

小强对妈妈说："妈妈，今天学校里一个小朋友把我推倒了，拒绝向我道歉。"

"那你做什么了？"妈妈漫不经心地问道。

小强生气地说："我把这件事告诉了老师，老师狠狠地批评了他。"

"老师已经处理过了，他已经受到了惩罚，我们就原谅他吧。"妈妈说。

"可是，他依然没有向我道歉呀。"小强瞪着眼睛，一本正经地说道。

"是这样呀，那你准备怎么办呢？"妈妈引导性地提问。

"我也不知道。"

"你是不是想让小朋友向你道歉呀？"妈妈接着问道。

"是的，他推了我，应该向我道歉。"小强坚定地答道。

"为什么不要求那位小朋友向你道歉呢？"妈妈说，"你可以问问小朋友为什么推你？如果不是故意的，你会原谅他吗？"

儿子点了点头，说："如果不是故意的，就原谅他。"

“如果是故意的呢？”妈妈问道。

“那就告诉他这样做不应该，我会告诉老师。”

“是的，并且要求他下次别再这么干，或者要求他向你道歉。”看到小强平息了怒火，妈妈放心地微笑了。

心理指南

今天，孩子接受父母的耐心呵护，受一点儿委屈都不行。很多父母看到孩子被欺负，立即怒发冲冠，冲上去采取保护措施。这种护子心切的心情可以理解，可是这种做法却不值得提倡。

孩子们终有一天需要独立面对社会，到那时候，再有人欺负他，我们又该如何做呢？谁都保护不了孩子一辈子，与其劳心费神地做孩子的“贴身保镖”，倒不如教会孩子如何保护自己。

（1）了解孩子被欺负的原因。

孩子之间的关系非常单纯，一般不会欺负小朋友。如果你的孩子总是受欺负，先了解一下原因是什么。如果是自己孩子的问题，比如不愿分享、说话不注意分寸等，那么应该有针对性地加以解决、纠正。

（2）孩子被欺负时，别轻易发怒。

很多父母看到自己的孩子被欺负，立即将孩子保护起来，并回头大声呵斥孩子：“你笨呀，怎么不还手，他打你你就打他呀。”小孩子之间难免磕磕碰碰，父母不必气急败坏，导致受欺负的孩子遭受双重伤害。

（3）引导孩子思考如何避免类似事件的发生。

解决问题的主要目的就是避免类似的情况再发生。孩子被欺负以后，除了孩子之间需要达成协议，家长之间的沟通也很必要。双方父母都要检讨自己的孩子，互相道歉，共同商量一下如何预防类似事件的发生。关键是让孩子受到教育，不只给予批评。

别当众批评孩子的错误

心理知识

父母望子成龙的心情可以理解，但对于孩子寄予过高的期望，容易导致恨铁不成钢的心理。对孩子一点错误都无法包容，父母容易当众批评孩子，将孩子的错误扩大化，不利于孩子改过自新。

孩子有自尊心、名誉感，会因为犯错产生强烈的羞耻感。当众批评孩子容易把孩子逼上绝境，失去自我约束的主动性，甚至自暴自弃。显然，这背离了父母的初衷。

心理故事

冰冰是父母眼中的淘气包，父亲一直坚信“棍棒底下出孝子”的理念，从小对儿子严加管教，有时候甚至当众体罚孩子。尽管冰冰经常犯错，被父亲责打，但是丝毫不影响他成为众人眼中的宝贝。

尽管爸爸经常当众批评冰冰，但是他早已习以为常，甚至不觉得自尊心受伤，认为有气魄的男孩子就要经常犯错，从小挨爸爸敲打。在这种扭曲、错误的心理指引下，冰冰在学校里也喜欢做坏学生，觉得这样很酷。

有什么样的行为，就会产生什么样的结果。冰冰曾倾心做老师和同学眼中的坏学生，自然成绩也好不到哪去。随着年龄的增长，冰冰或多或少也感觉到了，自己以前认为光彩的事情，很酷的事情，现在竟觉得没有多少意义。众人眼中的“酷”不知何时竟然转化成了“成绩好”。事实上，不是其他人转变了，而是冰冰的心态一直错误。

心理指南

父母从小当众批评孩子的教育方式，容易导致孩子心理扭曲。一旦自尊心受到伤害，孩子就容易产生以丑为美的错误心理，误把不良的形象当成了酷帅的个性，或者让孩子变得极度自卑。

避免当众批评孩子，要求父母多站在孩子的角度想问题，尊重孩子，维护他们的自尊心，这样有益于孩子形成自尊自爱的心理。孩子感受到了被尊重这种美好的情感，往往也会懂得尊重他人，进而得到他人的尊重，生活因此变得令人期待。

（1）批评要简短、有针对性。

很多父母在批评孩子时东拉西扯，说了一堆的废话。而此时孩子只听见父母一通长篇谬论，根本不知道关键内容是什么。时间长了，孩子开始听得不耐烦了，容易对父母的批评产生抵触心理，变得更加叛逆。

生活中，父母面对犯错的孩子进行批评教育是一件正常的事情，但批评的语言一定要有理有据，言简意赅。孩子听得明白，感受到父母的良苦用心，才是批评的最终目的。

（2）批评孩子要点到为止。

随着孩子年龄的增长，孩子有了进取心与羞耻感，对犯错自然有一种本能的抵触心理。犯错以后，孩子往往比父母更焦虑，因此父母不应该火上浇油，提出批评的时候点到为止即可。给孩子保留一份尊严，反而有助于孩子更加充分地认识错误，反省改过。

（3）批评之词要恰到好处。

批评是一门学问，要结合孩子的心理承受力和认识错误的程度，决定言辞程度。对于孩子的有些错误，父母必须立即制止，向孩子说清楚道理，不要让孩子产生侥幸心理。同时，父母要尽可能地缩短对孩子进行批评教育的时间，任何一种形式的批评都有带有一定的打击性，对孩子的自尊心或多或少带来伤害，因此措辞务必恰到好处。

父母的不理解是孩子真正的痛

心理知识

孩子一天天长大，开始迈进青春的门槛，父母会发现原来懂事的小孩变得叛逆起来：和父母顶嘴、无端地发火、不愿意认真说话、给自己的抽屉上锁等等。

“孩子的叛逆期来了”，父母们开始变得紧张。不过，最大的挑战在于孩子在心理上出现了一系列变化，父母需要选择理解、包容，搞清楚孩子为什么有这些难以理解的举动，而不是选择和孩子对抗。

心理故事

泉泉的叛逆期来了，再也不肯听父母的话了，而且还很暴躁，只要是看不顺眼的东西拿起来就摔。父母曾经说过他几次，但是没有任何效果。

一天晚上，泉泉随便吃了口饭就回屋了。妈妈看出孩子好像有心事，想和泉泉谈谈，没想到他竟然反锁了房门。妈妈没有敲门，觉得孩子既然将房门反锁，说明他不想与人交谈，想一个人安静一会儿。

第二天，泉泉起床后，打开房门看到门口放着一封信，拿起来仔细一看，竟然是妈妈写的。

“亲爱的孩子：我和爸爸了解到你目前遇到了一些挫折。虽然你不愿意告诉我们，但是我们感觉到了。我想告诉你，不管遇到什么困难，也不管你做出什么的决定，爸爸妈妈永远支持你。妈妈相信，不管困难有多大，你都有能力处理好。如果你觉得心情糟糕，需要找人倾诉，你可以和爸爸妈妈说。我们永远是你的听众，咱们是一家人，风雨同舟！”

泉泉看完这封信，非常感动。爸爸和妈妈非常理解自己，这让泉泉觉得心里暖暖的。从那以后，泉泉总会不定期地接到父母的来信。在信中，他们说了很多悄悄话。泉泉的叛逆心理渐渐平复了很多，他变得更爱笑了，也愿意和父母沟通了。

心理指南

孩子遭遇挫折，出现反常状况以后，最需要父母给予理解。在上面的故事中，泉泉的妈妈处理得非常好，她并没有被孩子的坏情绪影响，而是选择了一种最贴心的方式——写信，向孩子表达了理解孩子的心情，从而有效地化解了儿子的叛逆情绪。最后，母子二人开始了默契地通信交流，增进了亲子关系。

生活中，很多父母的确应该反省一下自己的教育方式。造成孩子叛逆心理的只是孩子本身的问题吗？与父母的教育方式无关吗？对孩子而言，父母的不理解才是孩子真正的痛。

（1）面对孩子的叛逆，父母要保持冷静。

面对孩子的叛逆表现，父母需要保持冷静，不能被孩子情绪感染，也变得焦躁起来。孩子正处于懵懵懂的敏感时期，多愁善感一些在所难免，父母一定要理解孩子，保持理智，想出好办法帮助孩子尽快摆脱坏心情。

（2）多反思自己的教育方式。

一般情况下，孩子出现了问题，最大的责任人就是父母。父母应该借此机会好好反省一下自己，是不是自己的教育方式太激进，有哪些地方做得不妥当。通过反思，找到改进亲子关系的良策，才能帮助孩子走出人生低谷。

（3）换位思考，尽量体会孩子的感受。

青春期的孩子会做出很多荒唐事，对此，父母要给予最大的理解和包容。谁都有过不懂事的时刻，做过一些荒唐事，等到年岁大的时候回想当初，那些经历也是一份追忆青春的美好记忆。因此，父母要站在孩子的角度，感受孩子的心情，就能理解他们的所做作为了。

离婚如何给孩子带来挫败感

心理知识

国际上一些科学调查表明，受父母离异影响最大的是 2 ~ 5 岁的学龄前儿童。这些孩子在父母离异后会表现出恐惧、自责、退缩等强烈的反应，在与同伴交往中还会产生自卑心理。具体到那些上学的孩子，则可能出现学习成绩下降、爱说谎、选择逃学，甚至对同学进行人身攻击等。而等孩子长大以后，受到父母离异的影响，他们可能出现疏远父母、过早结交异性朋友、酗酒、离家出走等现象，甚至因为对现实不满走上违法犯罪的道路。

心理故事

张娜是一位年轻妈妈，最近陷入了困顿之中。原来她尽管有收入很高的职业，有聪明的宝宝；但是，自从有了孩子之后，张娜与丈夫的关系就不像从前那样融洽了，经常为了一些小事不断争吵。

一天晚上，张娜和丈夫吵闹起来，令人吃惊的是丈夫情急之中竟然动起手来。她伤心得哭了一夜，开始冷静思考自己的婚姻，甚至认为夫妻的缘分已尽。但是，看到可爱的孩子，张娜又犹豫起来，离婚的念头又动摇了。

何去何从呢？张娜给自己的一位老同学打去电话。原来，这位同学是一位离了婚的妈妈，当初因为丈夫有外遇选择了分手。目前，这位同学自己带着孩子。孩子小的时候，这位同学没有感觉到什么，但是孩子上了幼儿园，许多问题就出现了。比如，上学注册登记时“爸爸”那一栏不容易填写，孩子在幼儿园经常被欺负，孩子看到其他小朋友和爸爸在一起非常自卑。

显然，这位同学尽管自己获得了自由，但是孩子却在成长过程中面临着很多问题，甚至影响到了心理健康。更让张娜吃惊的是，自己的这位同学正准备复婚呢，而这一切都是为了让孩子有个完整的家，能够健康成长。最后，同学劝张娜要三思而后行。

至此，张娜打消了离婚的念头，开始反省自己，力图挽救危机中的婚姻，重新开始新生活。经过努力，张娜在价值观、生活习惯，以及待人处事上给自己提出了许多新的要求，也和丈夫进行了良好的沟通；最终，夫妻俩都发现自己存在着很多不足，两个人之间看起来不可调和的矛盾得到了化解，又过起了甜蜜的生活。

心理指南

婚姻中发生矛盾是很正常的现象，关键是夫妻两人怎样去面对。如果都不退让，不懂得反省自己，只能使矛盾达到不可调和的地步，最终选择分手。而对孩子来说，这一结果对其成长是非常不利的，并且会给身心健康带来难以估量的消极影响。

因此，父母发生矛盾的时候，不能单纯选择极端的离婚道路，而应各自退让一步，考虑一下离婚的后果，以及由此给孩子可能带来的伤害。特别是对那些家庭矛盾并不严重的夫妻来说，过于追求和注重个人感受，忽视孩子的存在，选择草率离异，则更没有必要。

父母既然选择了结合，选择了要孩子，就应该维持好一个家、给孩子提供基本的生活环境，否则仓促离婚、只看重自己的需要，就是不负责任的表现。父母做得不好，还怎么教育孩子，把孩子培养成人才呢？

离婚带来的不仅是家庭的破碎，更重要的是造成孩子心灵上的创伤。因此，面对当前离婚率逐年上升的趋势，父母在追求个人幸福的同时，也要重视孩子的需求，关注孩子的成长。有时候，父母应该为了孩子克制自己的冲动，在选择离婚这条道路的时候要慎之又慎！

感谢困境让孩子变得更坚强

心理知识

美国职业培训师保罗·斯托兹提出了“挫折商”的概念，他从四个方面考察人的挫折商：控制、归因、延伸、忍耐。简单地说，挫折商高的人，会觉得自己对局面有掌控能力，遇到挫折会主动承担责任，并相信自己可以设法化解挫折，将挫折的后果控制在一定范围内，懂得在逆境中坚持。

人生的旅途中荆棘丛生，在温室中长大的孩子无法适应社会的残酷。因此，父母应当尽早告诉孩子，世上没有事事如意，实现任何一种愿望都需要用自己的坚强、勇敢、真诚战胜困难。

心理故事

一直以来，小萌是一个品学兼优的孩子，身边的人都很喜欢她。有一天，小萌回家后一直闷闷不乐，妈妈知道一定发生什么事情。吃饭的时候，她试探性地问女儿：“小萌，发生了什么事情，你好像胃口不大好。”小萌回答：“妈妈，我今天一直被老师批评，我没胃口。”

看到小萌这么没精神，妈妈将女儿揽入怀里，等她情绪缓和之后，开始询问到底发生了什么事情。原来，今天轮到小萌所在小组值日，但是当时下了雨，路不好走，所以小萌和组员到学校的时候迟到了，直到上课也没打扫完教室，最终被批评了。

到了课间收作业时，小萌发现自己把作业忘在家里了，因此没有及时上交。结果，再次遭到老师的批评。

妈妈知道了这些情况，耐心地劝说："你仔细想一想，其实老师的批评有道理。首先，不论什么原因，值日生在上课之前没有完成打扫任务就是错的。其次，你本应该在上学之前检查书包，本应该按时交作业，但是把作业落到家里了，因此受到批评也是应该的。"

"孩子，你就是心理素质太差了，平时妈妈宠着你，很少批评你，因此被老师批评几句就受不了。实话告诉你，以后成长路上还会遭受更多挫折，你应该成为一个内心强大的人，别因为他人的言辞消极、悲观。"

听了妈妈的话，小萌默默地点点头，心情也不再难过了。

心理指南

父母希望自己的孩子成为一个出色的人，让孩子具备勇敢面对挫折的能力。为此，必须在小事上磨炼他们的心理承受能力，让孩子学会接受现实中的不利一面，学会勇敢地面对自己当前的困境，并且敢于承认自己所犯的错误，并从中汲取教训。

此外，父母还要教育孩子正确对待失败，告诉孩子自己跌倒了，要学会爬起来。这种教育方式不仅能锻炼孩子的坚强意志，还能增强孩子的信心，为他们今后走向社会，在激烈的竞争中取得成功打下基础。千万不要让孩子一直处于温室之中，看不到风霜雨雪，一定要有意识地让孩子接收逆境的磨砺，勇敢迎接生活的挑战。

生活中的很多困境，不是为了让我们更加挫败，或者让我们更加沮丧，而是为了帮助我们学会勇敢，学会坚强。不要让孩子因为失败而过度忧伤，教会他们学会换个角度去看问题，到时候他们就会发现，生活正是因为有了困境才美丽，人生正是因为有了困境而更加多姿多彩，困境有时候是一种赐予。

第12章
儿童财商心理学
对金钱产生正确的心理认同

除了让孩子学习科学知识，还要训练他们理财的技能。这不仅是他们在这个世界上生存下去，而且是生活得更美好所必须具备的能力。培养孩子的理财能力，是奠定他们未来财务自由的重要基础。

你的孩子有理财意识吗

心理知识

财富的价值在于流通。让财富体现自己的价值，是对财富的尊重。孩子要从小养成良好的理财习惯，不仅不浪费钱，还要把每一分钱都花得有价值。理财是一种财富观念，是父母在孩子很小的时候灌输给他们的一种潜意识。

理财不仅仅能够更多地积攒财富，更重要的是可以锻炼理财思维。有了这种理财观念，孩子才会有意识地管理自己的财物，让每一分钱都能体现出自身的价值。

心理故事

小明出生在一个富有的家庭，与一些生活奢靡的富二代相比，他学习优秀、自立性强。尽管家里非常有钱，但是小明从不铺张浪费。在学校里，很多孩子家庭条件很一般，却依然穿名牌衣服、背名牌包。在这些同学眼里，小明简直太抠门了。

生活中，小明从来不穿名牌，衣服只要干净舒适就足够了。这个习惯的养成得益于良好的家庭教育。小明的父母都是业内的精英，但是平常不讲究吃穿，非常低调。但是，在项目投资上，他们一旦认准了从来不会吝惜资金。爸爸时常教育小明："钱要花在该花的地方，不该花的钱一分也不要多花，这是对财富的一种尊重。"

有一次，全班同学为一名即将转学的同学送行，大家凑足零花钱，决定出去聚餐。同学们边吃边谈，有说有笑。吃完饭离开时，小明衣服兜里的 1 块钱掉出来，滚到了下水道里。看着脏兮兮的下水道，同学们都劝小明别捡了，不值得弄脏手。

小明没有理会，跪在地上伸手捡那枚硬币。由于手臂不够长，尝试了几次都没有成功。这时，一位服务员走过来，二话没说就蹲下身子捡起了硬币，然后用纸巾擦干净，递给了小明。看着朴实的服务员，小明掏出了 10 元钱交到服务员手里，“谢谢您帮我。”

事后，同学们都有些糊涂，小明是为了捡一元钱，赔进去了 10 元钱。可是小明说：“我的确不差这 1 块钱，但是如果现在不捡起来，那么它将永远留在下水道里，没有任何价值。而服务员帮助从又脏又臭的下水道里捡起硬币，10 元钱是他应得的。”

同学们听完之后，都羞愧地低下了头。从此，再也没有人说小明抠门了。

心理指南

很多人认为财富是万能的，有了它就有了一切；也有人认为财富是邪恶的，为了得到它，很多人丧失人性，做出了伤害他人的事情。其实，财富只是一种工具——生活中处处离不开的工具。它是为人类服务的，只要人们能够很好地利用它、保管它，就能够将这个工具运用得得心应手。

没有天生的生意人，任何一个成功的生意人，除了经商的能力之外，还必须具备良好的理财意识。对于孩子而言，财商同样是未来立足社会的重要技能。那么，该如何培养孩子的理财意识呢？

（1）在孩子到了一定年龄之后，可以设立一个银行账户，将自己的零花钱和压岁钱存在里面。父母需要引导孩子了解一些储蓄的基础知识，如让孩子根据利息的不同选择不同的存款方式。

（2）鼓励孩子建立一个收支明细账，以便孩子清清楚楚地了解每一分钱的去向，定期分析哪些钱该花、哪些钱不该花，从而不断调整消费方式。

（3）鼓励孩子利用假期的时间去赚一些钱。利用假期打工的孩子很多，有的是为了减轻父母的负担，有的是为了锻炼自己的能力，有的是为了下学期零花钱更充足，等等。不管出于什么目的，这种方式与意识都是好的，父母应当支持孩子靠自己的能力赚一些钱。

（4）告诉孩子钱该省的时候省，该花的时候要毫不吝啬。钱花得有价值、有意义，这样的支出，父母应告诉孩子一分都不用省。

培养财商从学习攒钱开始

心理知识

理财是一种非常重要的社会生存技能。一个人必须端正对金钱的态度，不能成为金钱的奴隶，要让金钱为我们服务。

孩子年纪小，是养成攒钱这一好习惯的最佳年龄阶段。金钱是财富的代表，是一种工具，引导孩子树立这一理念，在心理上才能正常接纳金钱，并逐步参与到理财行动中来。

心理故事

王东今年10岁了，爸爸看着孩子一天天长大心里非常高兴。但是，孩子吃穿玩乐越来越讲究，甚至经常和同学们攀比，一点也不知道省着花钱，更不要说攒钱了。有时候，王东要零花钱，爸爸给少了，他还不高兴，对家里的物品丝毫不关心，也不懂得爱惜。爸爸看在眼里，急在心上。

爸爸有点担心，将来孩子长大了养成奢侈浪费的习惯，会毁掉一生的幸福；而且，现在经济不景气，家里的开销实在太大了。妈妈看出了爸爸的心思，也为孩子担心。后来，两个人商量了一番，决定让王东操持家里的财务，帮助他养成节省花钱、学会攒钱的习惯。

在一次家庭会议上，爸爸对王东说："最近家里花钱多，每月都入不敷出。现在我建议以后每月开一个家庭会，每个人都通报个人花费，然后根据家庭收入安排每个人的支出。"妈妈表示同意，并对王东说："儿子，你也是家里的小主人，而且我看到你们的课本上也有理财知识，正好能够理论联系实际，用到点子上来。"

王东眨眨眼，高兴地说："好啊，我也是家庭中一员，自然要参与理财。"就这样，一家人商量着家庭理财的计划，决心把家里的钱管好、用好。王东显得特别兴奋，对妈妈说："以后不需要天天向你要零花钱了。"爸爸提醒说："管钱没你想象的那么简单，一定要有计划地用钱，学会攒钱，才能细水长流。"

后来，王东在家庭理财计划中感受到了金钱的重要性和来之不易，体会到了爸爸妈妈挣钱的艰难，开始自觉节省开支，并注意攒钱解决燃眉之急了。

心理指南

生活中，许多孩子不知道节俭开支，不懂得合理攒钱，在很大程度上是因为他们认为钱来得太容易。所以，父母让孩子持家理财、参加家庭理财活动，就显得很有必要了。通过真真切切地体验到理财的重要性，孩子才能学会合理开支、掌握攒钱等理财的方法。

通过让孩子参与家庭理财计划，孩子就能对家庭日常开支有基本的了解，对金钱的价值形成更深刻的认识。接下来，父母就可以帮助孩子建立自己的账户，学习攒钱了。

孩子在生活中养成攒钱的好习惯，都是从点滴之间开始的，通过日积月累逐步培养科学理财的理念。因此，父母要有意识地引导孩子学会攒钱，帮助他们掌握正确的方法。

（1）让孩子意识到攒钱的必要。

孩子经常会喜欢上某件东西，而且非要买回来才罢休。这时候，父母往往感觉非常为难——答应孩子，那件物品并不值得买；不答应孩子，他却闹个没完。其实，父母不妨利用这个机会教育孩子平时注意存钱，引导孩子把剩余的钱及时储存起来，而不要乱花掉。

（2）让孩子掌握攒钱的具体方式。

比如，为了买上一件自己喜欢的东西攒钱，引导孩子学会在短期内攒足一定数目的钱；此外，还有建立长期攒钱计划，把攒钱纳入个人日常生活范畴。对后者来说，让孩子在银行建立个人账户是非常必要的，有助于培养孩子攒钱的积极性，激发他们的热情。

（3）带孩子常去银行，让他们认识存钱的具体方法。

在一些发达国家，当地的银行都有专门给少年儿童开立的账户，所以孩子能够自由地存钱、使用支票和自动取款机。随着我国社会发展，商业会越来越发达，所以提早让孩子熟悉银行知识，让他们掌握使用银行存钱的方法是很必要的。

永远不做金钱的奴隶

心理知识

不同的家庭之间，收入水平是不一样的。孩子在学校里，经常谈论起家里的物质条件，房子有多大、车子是什么牌子，结果形成不良的攀比之风。有的孩子花钱请同学给自己写作业，这种做法更对学业和成长带来了巨大危害。孩子如果从小就对金钱顶礼膜拜，不能正确认识金钱的价值，日后必将走上歧途。

金钱是上帝，可以带人进入天堂；金钱是魔鬼，可以带人进入地狱。钱财对个人生存和发展来说，发挥着独特的作用；但是，它只是一个手段和工具而已。父母要让孩子追求财富，但不成为金钱的奴隶，才能健康成长。

心理故事

在美国家庭中，为了让孩子诚实面对金钱，家长往往从下面几个方面对孩子进行教育和指导：第一，给孩子讲述现实生活中或书籍中的故事，表明诚实品格的重要价值，从而消除孩子可能产生的不诚实想法；第二，让孩子了解如何在金钱方面保持诚实的做法，比如在申报纳税方面严格按照规定去做，并告诉孩子偷税漏税等行为会受到严厉惩罚；第三，鼓励孩子诚实地面对金钱，允许他们犯错，并给予改正的机会。

此外，除了以聪明才智、辛勤劳动获取财富外，把财富反馈给社会，也是避免成为金钱奴隶的应有之义。比如，美国石油大王洛克菲勒在五十岁之前就成为亿万富翁，但是他没有只做财富的保管人，而是慷慨地捐钱给社会。

洛克菲勒非常清楚，自己的财富像雪球般愈滚愈大，如果不赶紧散掉它，不但会毁了自己，也会毁了子孙。所以，他接受助手的建议，先后设立了多个中介机构，负责安排捐款的流向。洛克菲勒一生之中共捐了五亿五千万美元，没有成为钱财的奴隶。结果，他在创造财富、捐献财富的同时，投入到充实的生活中去，滑冰、骑自行车、打高尔夫球。

洛克菲勒到了九十岁依然身心健康、耳聪目明，日子过得非常愉快。

心理指南

正确的金钱观是科学理财的基础，孩子如果不能正确对待金钱，而是利欲熏心追逐金钱，就会在原则和道德面前丧失正确的立场，最后误入歧途。

教育孩子，首先需要父母成为称职的“老师”。一般来说，父母有怎样的思想观念，孩子就会成为怎样的人。因此，在对孩子进行理财教育、让孩子树立正确金钱观之前，父母先要检讨自己的金钱观，成为孩子的榜样。

其实，对孩子进行理财教育，首先是让他们正确理解金钱，处理好金钱与其他事物之间的关系，而后才是依靠聪明才智和技巧创造财富。那么，怎样帮助孩子树立正确的金钱观呢？银行家尼尔·高德佛瑞曾经给父母提出过这样一个建议：对幼儿进行游戏教育，让孩子从小认识钱币，学会找零钱；当孩子稍大一些后，可以带他们去购物，并和他们讨论所购物品的价格。

通过上面的方法，孩子能够理解金钱和商品之间的关系，理解它们之间只是一种交换关系，而不会对金钱盲目崇拜。当然，在让孩子正确对待金钱的过程中，父母还会遇到许多麻烦事。比如，带孩子购物时，如果不给他们购买想要的东西，孩子常常会生气耍赖。针对这种情况，父母可以在出门之前和孩子讲好“条件”，这样既尊重他们，又避免出现糟糕的局面。

除了上面这些灵活的技巧外，父母还要教育孩子在金钱面前做到诚实。西方发达国家经济繁荣，除了当地技术进步、管理科学、法律完善外，一个重要原因是人们对财富有正确的理解，能够诚实地面对金钱。有了这种良好的基础品质，孩子就能成为一个健全的、正直的人，能够以自己的才华和努力创造财富，并在获得财富后懂得回报社会，形成了一种良性的互动。

孩子自制能力差,很容易贪图安逸的享受,不能经受苦难生活的磨砺。因此,父母要让孩子懂得节制自己的欲望、引导他们养成良好的消费习惯,而不能挥金如土，成为金钱的奴隶。

在这里，父母除了让孩子把注意力放到学习、正确交朋友上来，还可以给他们讲解一些成功财富人物的故事。比如，让孩子知道李嘉诚、比尔·盖茨创业的艰辛，让孩子明白财富不是从天上掉下来的，必须付出艰苦的努力才能获得。

教育孩子以正确的态度面对金钱和财富，孩子才能真正明白生活的意义、人生的价值，拥有健康、积极的人生。

（1）父母要尽早让孩子正确对待金钱。让孩子具备经济头脑，训练孩子养成良好的理财习惯,完全可以通过科学的理财教育实现。重要的是,父母要提早对孩子进行这种教育，才能让他们长大成人后对金钱抱有正常的心态，处理好人与金钱的关系。

（2）父母要给孩子树立良好的榜样。通过带领孩子购物、让孩子参与家庭理财，可以让孩子对金钱不再保持神秘感，把它当作生活的一种工具。

明白“花钱”意味着什么

心理知识

在理财教育中，让孩子学会花钱、学会消费是很重要的。该花钱的时候舍得花，不畏手畏脚；不该花钱的时候懂得节俭，不浪费每一分钱。

懂得节制，学会节俭，是在理财方面应该具备的基本素质。

随着生活水平的提高，人们在物质追求和生活方式等方面产生了新的要求。名牌消费、攀比消费、奢侈品消费进入大家的视野。受到父母盲目消费的影响，孩子也容易乱花钱，不懂得节制，结果很容易养成奢侈的消费行为。

心理故事

李东是一个普通的中学老师，虽然家庭条件算不上大富大贵，但是他非常注重培养儿子正确的财富观念。

生活中，该花钱的地方必须花，这是李东的主张。同时，他也注重让儿子明白如何花钱，懂得花钱的真正意义。显然，花钱不是炫耀，更不是攀比，而是满足个人生活的一种需要。为此，李东非常注重引导孩子养成简朴的生活作风，让孩子远离贪图享受的价值追求。

第一，李东注意在生活中勤俭节约，给孩子发挥模范带头作用。比如，在饮食、服装等消费上，他努力做到节俭、不浪费，这样孩子才能耳濡目染，逐渐养成简朴的生活方式。

第二，李东不灌输孩子奢靡的生活作风，引导孩子把主要精力放到学习、交友、游戏上来。实际上，孩子本身对物质生活并没有大人那样的迷恋，他们更在意的是游戏、快乐。所以，李东更懂得让孩子多交朋友，享受精神上的快乐。

第三，李东让孩子合理支配自己的零花钱，给他提供良好的建议。比如，给孩子零花钱以后，要让他们知道应花掉多少，应储存多少，具备科学理财的意识。

心理指南

实际上，让孩子养成简朴的生活方式，最终的目的是让他们在科学理财的同时，实现健康成长。一个人的欲望是无限的，特别是在物质方面，孩子如果从小就迷恋金钱的获取和得失，那么势必在学习、品德方面缺少锻炼的时间。

生活中，孩子经常从父母那里得到大笔零花钱。但是，孩子不懂得计划、不知道节制，花钱的时候大手大脚，逐渐养成了乱花钱的毛病。乱花钱，这与科学的理财教育是背道而驰、格格不入的，因此父母首先要教育孩子学会花钱。

让孩子学会合理花钱的方法有很多，具体来说，父母可以参考下面的行动步骤，给孩子提供科学的指导。

（1）学会有计划地花钱，掌握财务预算的基本概念。

在理财上有计划性，这样做的目的是让孩子懂得：花钱必须在自己掌握的资金范围内进行，并且要保证花的每一分钱都值得，即要对自己的消费行为负责任。

许多孩子之所以乱花钱，就是因为他们的零花钱来得太容易，不懂得先计划好了再行动。一旦手中的钱花完了，能继续和父母要钱，孩子怎么能学会进行科学预算呢？因此，父母在给孩子零花钱的时候要计划好，给他们讲清楚这次只能给这么多，花完了就没了，引导孩子做一个预算表，买自己最需要的东西。

（2）让孩子学会观察生活，科学判断商家的行为。

买东西和卖东西是一个博弈的过程，让孩子学会买东西，还要教育他们学会判断商家的行为。比如，不要轻信对方的承诺。当商家的促销人员对孩子讲解商品的性能和价格时，要教育孩子根据自己的需要和商品的属性进行决策，千万不要被别人的承诺左右。

又比如，看到商家鼓动性的广告，孩子很容易禁不住诱惑随便买东西。

为此，父母要教育孩子避免赶时髦、不轻信名人宣传、不受广告的诱惑，等等。父母要让孩子意识到，广告中存在夸大成分，必须小心谨慎。

（3）让孩子了解商品的价格，并学会砍价。

商品的价格是多少、产品的质量如何、购买后能够使用多长时间……这些都是应该让孩子了解的内容。当孩子了解了产品的情况以后，就能根据自己的需要选择合适的产品，并合理使用手中的金钱。

有时候，孩子没有频繁地买东西，但是他们购买的商品使用价值不高，于是出现了“买而不用”的情况。从另一个角度来看，这也是在挥霍金钱，是乱花钱的一种表现。所以，让孩子了解商品的价格等因素，买对东西，是非常重要的理财教育内容。

此外，在对孩子的理财教育中，购物的技巧也是十分重要的训练内容。父母要让孩子学会在购物时学会讲价钱，能节省一分就是一分。

引导孩子成为一个理智的消费者

心理知识

生活中，孩子经常受到亲友赠与的金钱，这固然是一件高兴的事情，但是让孩子懂得理性消费无疑更加重要。

手里有了钱，孩子自然渴望消费购物，体验花钱的畅快感觉。然而，如果不懂得节制，很容易养成奢靡的风气，滋生孩子贪图享受的心态。父母有责任引导孩子成为一个理智的消费者，帮助孩子树立科学、理性的消费观，这是财商教育的重要组成部分。

心理故事

每年春节，峰峰都会收到爷爷奶奶、叔叔婶婶、姑姑舅舅的压岁钱，累积起来有几千元。今年为了表扬峰峰考试得了第一名，大家决定压岁钱翻番。结果，他足足收到了 7900 元压岁钱，成了地地道道的小富豪。

春节还没有结束,峰峰便已经忙着计划怎么花这笔钱了。“嗯,有钱了，再也不用求着妈妈给我买变形金刚和游戏机了，我自己有能力购买了。对了，还有捷安特的赛车，那可是我垂涎已久的神器呀，骑着它上学，简直美爆了。”想到这里，峰峰乐得合不上嘴。

小帅也很高兴，春节期间收了 5000 元压岁钱。一双正品旱冰鞋，一只限量版的篮球，外加最新款的运动装，很快手里只剩下寥寥数张零钱了。没想到钱这么不禁花，小帅本来还有许多计划，但是目前无法实现了。

心理指南

压岁钱是长辈给孩子的礼物，父母完全收回，会伤了孩子的心，破坏过节的气氛；不收回，让孩子自己支配，他们容易乱花钱，毫无理性可言。事实上，问题的关键根本就不在压岁钱，而在孩子身上。

面对巨额金钱，孩子有没有能力保持理性消费？其实，只要引导孩子做一名理性消费者，帮助他们养成科学理财的习惯即可。

（1）给孩子一些金钱，让他们自由支配。

对年龄稍大一点的孩子，父母应该给予一定钱财，让他们自由支配。同时，应该与孩子一起制订理财计划，明确告知孩子不能铺张浪费，要珍惜每一分钱。如果孩子购买一些不合乎身份的消费品，就要“剥夺”他们自由支配财物的权利。

（2）培养孩子储蓄的好习惯。

为孩子准备一只储蓄罐，让他们养成储蓄的好习惯。时间一长，孩子看到自己的钱财不断增多，往往会激发萌生理财的积极性，随后就容易自发地学习、了解理财知识。

（3）增强孩子勤俭节约的意识。

随着生活水平不断提高，铺张浪费的现象随处可见。很多孩子受到大环境的熏陶，渐渐忘记了什么叫勤俭节约。父母要从小教育孩子做一名勤俭节约的人，让他们意识到勤俭是美德、浪费最可耻。

世界上还有比金钱更重要的东西

心理知识

任何一件东西都有自己的价值。“价值”是财富、理财的基础，从某种意义上说，让孩子学习理财，其实是让他们认识每件东西的价值，而不仅仅局限于财富本身。

一般来说，孩子社会经验差，对身边事物的感受能力弱，不像大人那样懂得珍惜一草一木，所以在生活中要让他们切身感受“价值”的含义，懂得珍惜金钱之外的东西。

心理故事

一位父亲买东西时，被找回50块假钱，他非常生气，而且心有不甘。后来，他想把这张假钱花出去，结果都没有成功。

一天晚饭后，他对两个孩子说：“我这里有一张假钱，你们谁有本事拿它买一样东西回来，我重重有赏！”大儿子比较老实，死活不肯去，怕被对方识破现了原形。小儿子很“机灵”，拿起钱就到路边的杂货铺里买了一包烟，还找回了零钱。这位父亲看了非常高兴，连夸小儿子聪明能干，比大儿子强多了。

显然，这位父亲利用人们对孩子的信任，把那张假币花了出去。殊不知，把孩子当作交易的筹码，甚至让他们去骗人，这实在是对孩子幼小心灵的亵渎。试想一下，孩子接受这种理财教育，怎么能确立正确的价值观呢？更重要的是，孩子只看到了金钱的价值，却没有看到诚实等做人品质的可贵。

心理指南

理财教育的目的是让孩子学会节俭、让财富得到增长。但是需要注意的是，不能让孩子只把目光放在财富、金钱上面，还要注意让孩子懂得如何持家，以及处理好家庭成员之间的关系。

其实，在家庭教育中，理财教育是“表”，教给孩子积累财富、合理使用财富，并懂得如何运用财富，才是根本。而在运用财富上，实际上是让孩子懂得如何做人、办事，让孩子认识到金钱之外的东西。学习理财，但不拘泥于金钱和财富，这是理财教育背后更深层的东西。

比如，父母给孩子购买玩具的时候，可以限定数量，让孩子在中意的玩具中选择一个；或者缩短购买玩具的频率，把每个月买一次，改为每两个月买一次。这样一来，孩子就会珍惜每次购买玩具的机会，懂得用心呵护玩具。生活中，有的家长不惜血本给孩子买玩具，即便投入再多，孩子也会失去兴趣，反而容易养成大手大脚花钱的恶习，助长奢侈浪费的风气，对孩子成长非常不利。

理财教育，主要是针对“金钱”的打理，让金钱增殖，让财富增长。但是，父母在进行理财教育的时候，不能拘泥于此，更不能让孩子成为见钱眼开、见利忘义的人，否则这种理财教育就是失败的。

（1）理财教育要避免让孩子陷入金钱的漩涡。

在现代社会中，财富是个人价值实现的一种象征，凭借个人才干创造并拥有财富受人尊敬。教育孩子理财，实现财富增长，是现代家庭教育的应有之义。但是，我们要避免让孩子走进惟利是图的陷阱，因为这与我们遵循的理财教育理念是背道而弛的。

（2）引导孩子正确认识财富和价值的内涵。

除了认识金钱的价值外，还要认识人生价值，以及做人应该具备的可贵品质。孩子是纯洁的，有人把教育孩子看成是在一张白纸上涂色，这是很恰当的。我们不能仅仅让孩子认识到金钱财富的重要性，应该让孩子认识到价值的全部含义。这样一来，孩子的人生才能五彩斑斓，人格才会更健全。

理财教育也是人生幸福的学问

心理知识

通过辛勤劳动，孩子不仅得到了报酬，挣了零花钱，还从中学到很多东西。比如，孩子增加了工作经验，凭借自己的能力挣钱的时候得到了一种真正的自尊。毫无疑问，孩子在无形中提高了自己的办事能力，增长了才干和本领。因此，从孩子成长的角度来看，通过劳动获得报酬，在成就感中实现个人价值，这种意义远远超过理财本身。

心理故事

作为一个商业氛围浓厚的国家，美国非常盛行成功文化。美国父母整天为成功奋斗不息，孩子自然也能感受到要为成功而奋斗，难以逃避的压力是可想而知的。但是，美国家庭并不赞同功利的成功观。

美国父母常常这样教育孩子：“一个人只要努力奋斗了，完成了自己的使命，他就是成功的；一个人只要实现了自己的价值，或者找到了属于自己的有价值的生活，他就是成功的。”

显然，美国父母没有让孩子惟利是图，把金钱看作人生和生活的全部。正是在这种教育理念下，他们对孩子的理财教育没有走弯路，而是成为家庭教育的一个重要组成部分。

一位美籍华人向国内的朋友介绍说："美国家庭鼓励孩子面对现实，父母常常把孩子叫到身边，给他们讲述自己的故事，这里面既有成功，也有失败。这样做的目的是，让孩子明白：成功生活是一个过程，并以此来鼓励孩子去发现个人的价值，成为上帝心目中的成功者。"

心理指南

在理财教育中，孩子学习到的是如何获得金钱、怎样让财富增殖，以及科学合理消费的技巧。毫无疑问，通过这一系列的活动，能够让孩子明白一个道理：必须辛勤劳动、用心经营，才能创造财富、获得成功。所以，父母在理财教育过程中，要让他们了解社会、适应社会，注意培养孩子办事的能力。

比如，在给孩子零花钱、合理使用零花钱的过程中，一方面要让孩子懂得财务预算，另一方面则要从小让孩子了解劳动与报酬之间的内在联系，并让他们意识到：想要获得金钱和财富必须付出努力，钱不会从天上掉下来。毫无疑问，这样可以培养孩子依靠辛勤劳动和努力获得报酬的意识，消除孩子不劳而获的思想。

再比如，让孩子积攒零花钱的时候，除了卖旧报纸、易拉罐以外，还要鼓励孩子外打工或者为别人提供服务获得收入。在美国一些家庭，父母经常鼓励孩子走出家门，到外面想办法挣钱，比如为别人扫雪、修整花园、看护植物、打扫房间卫生、照看宠物、打字等等，还有的孩子卖冷饮、卖花、卖自己制作的生日贺卡等。

在国内一些家庭，父母有了钱以后变得财大气粗，在很大程度上助长了孩子的奢侈作风和攀比心理。结果，父母以往对孩子的苦心教育，以及孩子在学校接受的良好教育，都不同程度遭到了破坏，这对孩子来说是很大的损失。

与此同时，一些富裕家庭十分担心孩子在优越的环境中成长会丧失积极进取的斗志和本领，所以寻找各种方法让他们经受苦难的磨砺。在理财教育中让孩子正确看待金钱、把实现个人价值作为最大的成功，才能达到教育的真正目的。

（1）父母要利用各种机会让孩子体验劳动和收入之间的直接关系。比如，当家庭额外的杂务需要雇人完成时，如果孩子有时间、有能力完成，父母可以让孩子去做，并给他们一笔额外的“收入”。通过这种方式，孩子不但能获得劳动的乐趣，更能了解到劳动与报酬的关系。

（2）父母要帮助孩子寻找富有创意的工作点子，让他们体验自己挣钱的滋味。在我国家庭里，孩子很少参与到通过打工挣钱的活动中来，父母应该帮助孩子寻找合适的途径体验一下，让孩子感同身受。

第13章
儿童安全心理学
学会保护自己才能快乐成长

经历过风雨，才能见彩虹。孩子的一生不仅伴随着欢笑，也有泪水；不仅有成长的快乐，也有成长的烦恼。面对无所不在的安全隐患，父母必须帮助孩子学会规避风险。

安全感：探索外界的保险绳

心理知识

“你怎么不听话，再这么哭闹下去，爸爸妈妈不要你了。”你和孩子说过类似的话吗？当孩子哭闹不止时，当孩子玩疯了不想回家时，当孩子撒泼耍赖不讲理时，很多父母都会用上述招数，而且立竿见影。但是很少有人意识到，这种“恐吓式”教育其实是以伤害孩子“安全感”为代价的。

从心理学角度来说，安全感对孩子未来发展的影响十分巨大。它是生命的底色，是探索外界的保险绳，是建立自我价值感、自信、自尊的重要心理基石。一个缺乏安全感的孩子对外界缺乏信任，不敢离开父母一步，会产生严重的依赖心理。

在孩子不敢哭、不敢闹的背后，实际上是充满恐惧、不安、自责的内心，这才是孩子们最真实的心声。作为父母，千万不能为了让孩子“听话”就肆意破坏他们的安全感，这会给孩子的心理健康和未来发展埋下非常严重的隐患。

心理故事

小宇最近上幼儿园了，妈妈一直负责接送他，几天之后感觉苦不堪言。由于刚入幼儿园，孩子之前从来没有离开过家和父母，所以一直不太适应。每次妈妈转身离开的时候，小宇都抓着妈妈不松手，妈妈一离开就立即大哭不止。

妈妈送完孩子必须上班，每天早晨到幼儿园如何“脱身”成了一个大问题。作为新时代辣妈，小宇的妈妈在教育理念上很“先进”，为了更好地解决这个问题，她专门请教了一位师范大学学前教育系的教授，对方给她支了一招。

这位教授告诉小宇的妈妈，一定要给孩子设定界限，不可无底线地妥协退让。当孩子拉着妈妈不希望分开时，不要强硬地呵斥孩子，也不要采用欺骗的方式偷偷地离开，更不要用话语威胁。

对此，妈妈可以温和地告诉孩子：“妈妈要去上班了，你现在进入幼儿园，还是再玩儿五分钟？”如果孩子希望妈妈晚点再走，不要一味地妥协，而要温柔地告诉孩子：“妈妈知道你不想走（共情），但是不行，我必须走（界限），既然你不想让妈妈离开，那妈妈再陪你 10 分钟（尊重）。”

小宇的妈妈听从教授的建议，试着采用新的方式与孩子告别，果然收到了良好的效果。不久，小宇完全适应与妈妈告别了，高高兴兴地走进了幼儿园的大门。

心理指南

孩子在年纪幼小的时候，无法离开父母，这是一种安全本能。引导孩子在妈妈给定的选项中做选择，这样他们就能在心理上更容易接受暂时分离的事实。只要父母清晰地划定界限，温柔而又坚定地执行规则，孩子就会知道必须这样做了，也就不会再纠缠。更重要的是，这种方式不会对孩子的安全感和自尊心造成负面影响。

越是幼小的孩子，安全感越容易受到伤害。在孩子看来，父母对自己的态度是关系生死存亡的大事，如果不想让孩子成为一个安全感缺失、遇事畏畏缩缩的人，那就一定要满足孩子的安全心理诉求，永远不要让孩子有被抛弃的感觉。

为此，不论发生什么事情，哪怕是由于工作或其他原因必须离开，也要告诉孩子，父母永远爱他，永远站在他身后，愿意充当他背后坚实的后盾。

此外，父母还要注意控制自己的情绪，不要把工作或者生活上的消极情绪发泄到孩子身上。由于儿童的认知能力局限，他们的思维方式以自我为中心，一旦看到父母生气，就会认为是自己哪里不好，这也会影响孩子安全感的建立。所以，在孩子面前，请处理好自己的情绪，不要把孩子当出气筒，并努力营造夫妻和睦、快乐温馨的家庭氛围。

日常生活中做好安全教育

心理知识

对父母来说，让孩子掌握趋利避害的本领是非常重要的。但是，许多父母爱孩子，又常常本能地阻止孩子接触各种可能伤害到他们的事物。比如，看见孩子拿小刀削铅笔，就怕孩子划伤手，马上抢过来，替孩子削；看见孩子拿起刀练习切菜，也不放心，马上替孩子代劳。

因此，父母不能担心孩子受到伤害就不让他们从事危险的活动。这样做，只能让自己的爱心害了孩子。没有人否认父母是疼爱孩子的，这种心理任何人都能体会到。但是，我们不能因此就让孩子生活在温室里，不接触外面的世界，不接触各种在父母看来危险的东西。显然，一味保护好孩子，不如让他们学会识别危险、规避危险，这样才能真正学会保护好自己。

心理故事

乐乐上小学 2 年级的时候，有一天晚上突然停电了，当时爸爸妈妈都不在身边，家里只剩下他和奶奶。以前也发生过这种情况，而且他知道爸爸都是打开保险盒，去接保险丝。于是，乐乐让奶奶打着手电筒，自己拿着保险丝、试电笔和钳子，开始换起保险丝来。

由于个子比较矮，乐乐就在椅子上放了一个小凳子，仰着头摆弄了半天，最后才大功告成。当屋子里的灯亮起来以后，乐乐兴奋得不得了，奶奶也在一旁夸奖他有本事。

后来，爸爸知道了这件事，对乐乐呵斥了一顿。乐乐并不服气，还和爸爸争吵起来。于是，爸爸直接拿着电线，当着乐乐的面示范，把电源两极接在一起，只听“嘭”的一声，火花四溅，升起一股青烟，房间里再次陷入黑暗。

当时，乐乐确实被吓了一跳。经过爸爸进一步解释，他才知道电是很危险的，如果不懂安全知识绝对不能碰。现在想来，乐乐那晚的做法实在太危险了。没想到，他第一次面对危险是在不知不觉中进行的，而且还安然逃过了一劫。

这次经历在乐乐的心里留下了很深的烙印，他不仅知道了电的危险性，还明白了生活中有许多不安全的地方，凡事要学会保护自己，安全第一。

心理指南

如果想让孩子多接触社会和大自然，就要提早对他们进行必要的安全教育，告诉他哪些东西会造成什么样的危害，要远离它们，还要学会应对意外情况。这样一来，孩子才能在增长见识的同时学会保护自己，安全地生活。

让孩子在面对危险的时候不受到伤害，父母就要提早对孩子进行安全教育，让他们掌握保护自己的本领。在孩子成长的阶段，时刻提高自我保护意识非常重要，避免受到外界的威胁和伤害是一种生存本能。

（1）过马路。孩子刚懂事的时候，父母就要教孩子外出必须注意安全，每次拉着孩子过马路时，可以给他们编一些顺口溜：“过马路两边看，先左后右，斑马线上快速过。”

（2）安全用电。现代家庭有很多电器，因此用电安全就成为一件大事。孩子动手能力强，更要注意对孩子进行安全用电教育。

（3）与人争斗。孩子和同伴打架，是经常发生的事。如果孩子之间出手过重，往往会在相互撕扯中头破血流。而一旦孩子用尖利的器物攻击对方，则会造成更严重的伤害。所以，父母要教育孩子避免与人发生肢体冲突。

（4）走散以后。周末或节假日，父母经常带着孩子到外面散心，或者逛商场。在人多的地方，孩子与父母走散了，是一件急人的事情，如果遇到不法分子，就更危险了。所以，父母要事先告诉孩子：如果出现走失的情况，应该首先找警察叔叔，或者待在原地等家长。孩子能够在走失以后记住这一点，就能有效避免危险的发生。

对捣乱的孩子“约法三章”

心理知识

生活中经常发生这样的事情，孩子不小心打翻果汁或弄坏东西，搞得现场局面一团糟。此时，父母须提前告诉孩子事情的后果，比如“东西打翻了，要自己清理”。父母通过示范、讲解与练习，告诉孩子面对这种情况的处理方式，孩子就能逐渐改正原来毛躁的缺点，不再惹事。

事实上，孩子惹事、闯祸，有时是无意的，但是频繁发生；有时是有意的，结果危害严重。比如，放炮不慎引发火灾，恶作剧不慎摔伤他人，偷着开摩托不慎撞伤行人……对于这种情况，父母显然不能以包容的态度对待，而要对孩子提出严厉的警告，甚至以“过度矫正”的原则处理。

心理故事

法国思想家卢梭有个聪明可爱的儿子。有一天，夫妇俩带着儿子上街。后来，儿子被商店里的小积木、小车等玩具吸引住了，并且央求卢梭给他买一辆小马车。卢梭爽快地答应了，但是提出了一个条件：“买玩具可以，但是如果不爱惜玩具，故意损坏玩具，以后就不再买新玩具了。”儿子也爽快地答应了。

回到家以后，儿子整天玩小马车模型，高兴极了。但是没几天，他就把这些玩具砸了个稀巴烂。卢梭望着这些破烂的玩具，非常生气，但是他没有批评儿子，因为他们有言在先。果然，过了一段时间，儿子又喊着买新玩具。卢梭没有答应，儿子便缠着妈妈哭。

后来，卢梭夫人动了恻隐之心，但是遭到了卢梭的阻拦：“买几件玩具是小事，可是纵容了儿子有意损坏东西的坏习惯。他习惯闯祸而不受到惩罚，就会我行我素，我坚决不答应。”就这样，卢梭夫妇达成了一致意见，不再给儿子买玩具。于是，儿子尝到了父亲的厉害，从此再也不敢随意损坏东西了。

心理指南

在我们身边，孩子因为淘气而惹祸的事情并不少见。对那些后果严重，威胁到孩子或他人人身安全的事端，父母要承担起家庭教育的主要责任。作为孩子的监护人，父母有义务照顾孩子，更有权管教、约束孩子的过火行为。更明确地说，就是要培养孩子从小学会把握玩耍的尺度，区分“玩”与“闯祸”的不同，尤其是对那些少不更事的幼童，更应该严加呵护。

为此，父母首先要让孩子明白事理，并认识到自己在闯祸时有负责善后的义务。其次，一旦孩子闯祸了，父母就就要让孩子意识到问题的严重性，让他吸取教训。此时，父母不必担心孩子产生不悦的情绪，而要帮助他们建立责任感，缓解其犯错的罪恶感，避免以后犯同样的错误。否则，孩子就会因为一时贪玩、淘气而闯祸，犯下无法弥补的错误，甚至带来终生的遗憾。

有些孩子之所以频繁闯祸，就是因为他们在惹事后没有受到相应的惩罚。所以，当孩子经常惹是生非，甚至故意捣乱的时候，父母就要学会适度惩罚孩子，使他从中得到教训，受到教育。

此外，惩罚孩子的时候要避免用力过度，为此应注意下面两点：

（1）不要损害孩子的身体健康。孩子因为闯祸而受罚，目的是促使孩子从中得到教训，不再重犯过去的错误；如果父母为了出气而对孩子进行肉体伤害，那么这种教育就变味了。所以，在惩罚孩子的时候，父母要避免感情用事，极力克制无益甚至有害的感情冲动，掌握好处罚的分寸、尺度，并注意观察孩子的情绪反应，做到适可而止，见好就收。

（2）不要伤害孩子的自尊心。惩罚孩子不但会让他们感受到不愉快，有时也会让他们产生羞辱心，这是正常现象。但是，父母不能故意伤害孩子的自尊心，否则就容易导致他们情绪低落、不求上进，甚至破罐子破摔。

离家出走不是英雄所为

心理知识

从医学心理学角度看，离家出走的孩子一般都存在着某些性格缺陷，比如自卑、敏感等。他们在遇到挫折以后，往往采取消极、极端的应付方式解决问题，包括离家出走。所以，培养孩子健全的心理、完善的人格，才能让他们具备良好的适应能力，妥善应对来自身边的各种人和事。

孩子在成长过程中，面对着来自方方面面的烦恼。经常和孩子保持积极的接触和交流，理解孩子的心情，帮助其解除烦恼和心理压力，同时告诉孩子出走后可能遇到的困境，和他们讨论解决目前的问题有无更好的办法，自然能够赢得孩子的理解和信任，使那些打算离家出走的孩子打消错误的念头。

心理故事

8 岁的王涛和父亲大吵了一顿，贸然离家出走了。他不明白，爸爸为何事无巨细都要过问，心情糟糕透顶。离开家以后，身上带的 1000 多元钱很快花光了，王涛忍饥挨饿，度过了一个又一个漆黑的夜晚。

去哪里？找谁？王涛心里没有肯定的回答。最后，他实在坚持不下去了，主动到警察，回到了魂牵梦绕的家里。意气用事从来无法真正帮助到你，坚守做事的秩序，保持人身安全，孩子才能健康成长。

在孩子离家出走的情形中，有一些是孩子因为赌气而做出的不理智决定。根据孩子后来的描述，他们大多是与父母发生矛盾或争执，而父母始终不肯退让，孩子没有选择的余地，最后干脆赌气离家出走了。

因此，在与孩子沟通的过程中，父母尽量不要发怒，不能居高临下对孩子发号施令。一个明显的事实是，孩子相对于大人来说，始终处于弱势地位。如果父母凭借自己的优势一意孤行，而不考虑孩子的接受能力、承受能力，那么就容易引发孩子的激烈对抗，甚至逼得孩子走上“离家出走”这条道路。

心理指南

近年来，孩子离家出走已经成为一个不容忽视的社会现象。一般来说，凡是自动离开学校和家庭的监护，离开居住的城市到达异地，即视为离家出走。那么，期间孩子的内心产生了怎样的变化呢？这对他们未来的成长又有怎样的影响呢？

青少年教育专家调查研究后认为："不良的心理行为问题，可能会构成离家出走的内在因素，而不良的教育方式、家庭和社会的压力、学业不良引起的自卑感、受父母或老师的批评、受文化传播媒介的诱导可能构成离家出走的契机。"

孩子从小就受父母的管制，等到了一定的年龄需要自己做主的时候，却得不到大人的认同，当他们的某种需求、愿望、承诺无法实现的时候，他们便会采取极端的出走，自己去想办法解决。

因此，孩子选择离家出走，不单纯是一个教育问题和社会问题，更大程度上是孩子的心理问题，是生存状态的问题。从心理学的角度分析，孩子离家出走大多与下列因素有关：

（1）孩子天真地认为自己应该得到父母、老师的宠爱，当需要得不到满足时就把离家出走做为一种要挟手段。孩子在成长过程中如果得到太多的疼爱，而不懂得关心别人、体贴别人，就容易养成过于自我的个性。当爸爸妈妈对他们的关心和体贴略微欠缺了一点，他们马上就会像大观园里的林黛玉，感到受了欺侮，乃至离家出走。

（2）孩子自尊心过强，没有承认错误、改正错误的勇气。生活中，孩子犯错以后往往都是在父母的坚持下才承认的，缺少主动认错的积极性，把认错当成一种搪塞。这样一来，他们就很难认识到自身的不足，总是认为自己的想法和决定是正确的。一旦在某件事上转不过弯来，他们就难以接受自己犯错的事实。错误其实并没有什么了不起，但是孩子好胜心过强就会被这个包袱压垮，千方百计掩藏它、抵赖它，当无路可退时就会选择逃避——离家出走。

（3）孩子在成长过程中遇到一系列无法解决的问题，引起心理上的强烈变化。比如，孩子长期生活在父母关系紧张、家庭成员之间不和睦、家庭经济拮据的环境里，就渴望摆脱这一局面。孩子与同学和老师之间的人际关系不协调，认为同学不喜欢自己、对班干部不满意、老师经常批评自己、老师过度偏心学习好的同学等，这种误解和对立也容易逼迫孩子离家出走。

警觉心：不可缺少的安全意识

心理知识

孩子慢慢长大，父母不再24小时陪护，但是孩子面临的“挑战”越来越多：上学路上过马路，假期和小伙伴玩耍，独自去商店买东西……可供孩子活动的场景越来越多，这也意味着他们身边的不安全因素随之增多。

川流不息的车辆、高压电线、火灾、人贩子……每个孩子都是家里的宝，含在嘴里怕化了，捧在手心里怕摔了。许多父母为了尽可能地保证孩子的安全，都采取了非常“完备”的保护措施，上学放学接送，给孩子配备通话手表等工具；还有的父母甚至给孩子配备了警报器等，生怕孩子有什么不安全的隐患。

即便我们保护得再严密，孩子终究要独自面对社会上各种不安全因素，所以一味过度地保护反而是一种伤害。培养孩子的警觉心，给孩子传授更多的安全知识，让他们学会保护自己，才是给孩子最好的安全教育。

心理故事

为了保证孩子安全出行，许多父母在私家车里配置了儿童安全座椅。不过，一些年龄偏小的孩子没几个喜欢长时间地被固定在座位上，他们喜欢动来动去，“只有睡着才会老实”，这对父母来说确实是一个挑战。

对此，丁丁的妈妈有解决办法。她的高明之处是将“安全教育”润物细无声地传递给了孩子。丁丁喜欢看广告，有一次看到一则动画版的交通公益广告，2岁多的丁丁问妈妈：“为什么车坏掉了？”妈妈回答：“出车祸了，两辆车碰到一起就会引发车祸，然后坐在车里的人就会有生命危险。如果爸爸妈妈出车祸，丁丁就再也见不到爸爸妈妈了……”

借这个机会，丁丁的妈妈和孩子科普了交通安全、交通规则，告诉孩子开车要系安全带，坐车也要系安全带，小朋友还要坐儿童安全座椅。从此以后，丁丁对交通安全有了很深的认识，每次一家人开车出行时，丁丁都会主动坐到儿童座椅上，还会专门提醒爸爸妈妈一定系安全带。

心理指南

对孩子进行安全教育别太注重形式，要尽可能生动、有趣、贴近生活，让孩子产生切身感受。如此一来，他们才能深刻、直观地认识到安全的重要性，并提高警觉性。

（1）科普必要的安全常识。

水、电、煤气、交通、雷电、下水管道等是孩子日常生活中经常遇到的“安全隐患”。父母要从小给孩子传授必要的“安全常识”，比如雷雨天不能在树下避雨，穿过马路时要走人行横道，使用电器时擦干手上的水渍等。父母可以为孩子购买适合儿童阅读的安全类书籍，结合生活中的安全问题进行讲解，切实做好安全教育。

（2）教会孩子基本的逃生技巧。

面对突如其来的“安全事故”，孩子年龄小、经验少、阅历不足，往往会不知所措，甚至因为忙乱导致事态更严重。比如遇到火灾时，根本没考虑所住楼层高矮就盲目从窗口逃生，结果造成坠亡，正确的逃生技巧能才能最大程度上保证孩子的人身安全。

（3）通过游戏检验成果。

做好前面两项工作之后，可以看看孩子到底理解、掌握了多少，可以采用游戏式的方式检验孩子对安全知识的掌握情况。“突然发生地震了，怎么办？”“周一早晨，你被反锁在家里，眼看上学就要迟到了，怎么办？”可以通过设置这类场景，检验孩子的安全意识和自救技巧，父母在一旁引导，能有效提高孩子的危机处理能力。

对陌生人的骚扰说“不”

心理知识

孩子在成长过程中，随时会面临各种危险。其中，来自外部世界的性骚扰、性侵害会在孩子心灵和肉体上产生致命的消极影响。当孩子遭受到这种摧残以后，沉重的阴影很有可能伴随其一生，影响他们的成长、未来的婚姻生活及性心理。

孩子受到伤害后，父母要用法律手段维护孩子的权益，并做好心理安抚工作。孩子受到侵害以后，出于无知、害羞、恐惧等原因，采取了不作为的态度。在此，父母要告诉孩子：“遭受性骚扰、性侵害以后，要把事实说出来，懂得用法律维护自己的权益。”

心理故事

2007 年 4 月，国家教育部发布的《中小学公共安全教育指导纲要》，第一次把“性侵害”和自然灾害、校园暴力等一起列入中小学公共安全教育范畴。

一般来说，孩子进入青春期以后，独立意识开始增强，拥有了更多的自我支配的活动空间。但是，由于缺乏生活经验和识别他人品质的能力，孩子很容易相信别人，加上在遇到紧急情况时缺少应对能力，所以青春期的少男少女随时都会面临性骚扰、性侵犯的危险。

除了对周围的复杂环境认识不深、缺少自我保护意识以外，孩子的心理发育不成熟也是导致他们受到伤害的重要原因。青春期的孩子往往过于看重个人感受，有时候表现得比较自我，这就很容易给品行不端的人留下攻击的弱点，为不法之徒留下性侵犯的可乘之机。而一旦遭到伤害，他们又陷入恐惧、逃避状态，把自己的痛苦深深地隐藏起来，到头来让不法分子逍遥法外，个人成长和发展遭遇严重挫折。

心理指南

为了让孩子拥有美好的人生，为了让孩子减少成长的遗憾，父母朋友们要行动起来，在家庭教育中给孩子上好“性教育”这一课，让孩子学会自我保护。

家庭中“性教育”的缺位必然不利于孩子的健康成长，会给孩子日后的生活带来很大麻烦。有的父母对孩子遭受性侵害认知不够，有的父母觉得把关于性侵害的事情告诉孩子太残忍太残酷，这些做法看似“保护”了孩子，其实是在把孩子置于危险的境地。

让孩子了解外部世界的真实状况，孩子在危险面前就会有防范意识，遭到侵害的时候就懂得自我保护。所以，让孩子健康成长、避免遭受性侵害，最重要的是提高孩子的自我防范意识、学会自我保护。

（1）父母要适时让孩子了解性保护的知识，并用通俗易懂的语言作出解释。比如，父母可以结合电视、报刊上的一些反面故事教育孩子，这个世界是复杂的，我们周围有一些不法分子，从而告诫孩子克制自己的好奇、侥幸心理，提高对行为后果的预知能力，减少冒险的行为，从根本上不给他人留下可乘之机。

（2）父母要让孩子牢记下面这些基本原则：不与异性在过于隐蔽的环境中单独相处、尽可能夜间不要在外逗留时间过长或单独出行、不要轻易接受异性的约会邀请、不与异性到成年人的娱乐场所玩乐。

（3）父母临时有事的时候，不要把孩子随便托付给他人。因为有些人，比如邻居或小朋友家长，大家虽然认识，但是你其实并不了解他的为人与底细。过于相信对方，很可能把孩子送到虎口。

（4）父母要让孩子知道可能对自己造成侵害的各种人。除了陌生人以外，有时候孩子身边最熟悉的人，甚至是亲属、老师或其他非常熟悉的人，也可能对孩子进行性骚扰、性侵害。此外，施害者不一定是异性，也有可能是同性；施害者并不能凭借容貌分辨出来，有许多施害者的举止是文质彬彬的。让孩子了解这些，才能让他们有所防备。